化学化工常用软件实例教程

彭智　陈悦　编

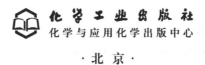

化学工业出版社

化学与应用化学出版中心

·北京·

图书在版编目(CIP)数据

化学化工常用软件实例教程 / 彭智，陈悦编. —北京：化学工业出版社，2006.1（2025.2 重印）
ISBN 978-7-5025-7827-5

Ⅰ. ①化… Ⅱ. ①彭… ②陈… Ⅲ. ①化学–应用软件–教材 ②化学工业–应用软件–教材 Ⅳ. ①O6–39 ②TQ–39

中国版本图书馆 CIP 数据核字（2005）第 126820 号

责任编辑：成荣霞　梁　虹　　　　　　　　　　责任校对：凌亚男
装帧设计：潘　峰

出版发行：化学工业出版社（北京市东城区青年湖南街 13 号　邮政编码 100011）
印　　装：涿州市般润文化传播有限公司
787mm×1092mm　1/16　印张 16　字数 351 千字　　2025 年 2 月北京第 1 版第 18 次印刷

购书咨询：010-64518888　　　　　　　　　售后服务：010-64518899
网　　址：http:// www.cip.com.cn
凡购买本书，如有缺损质量问题，本社销售中心负责调换。

定　　价：39.00 元　　　　　　　　　　　　版权所有　违者必究

目　　录

绪　　论

我国有大量的化学、化工工作者，他们的研究工作都需要使用电脑来处理相关数据。我国每年还有大量相关领域研究生毕业，毕业生人人都要撰写毕业论文，其中涉及许多与化学化工相关的数据处理内容，如化学分子式、反应式处理；各种曲线绘制与数据处理，如二维、三维数据图、数据平滑、滤波、数据微分、积分，线性回归，非线性拟合等；各种仪器分析数据处理，如红外光谱、紫外-可见光谱、X 射线衍射、核磁共振等。另外还可能要绘制各种示意图、原理图、工艺流程图等。这些与化学化工相关的数据、公式、图、表等信息不妨通称为化学化工数据。

从前处理化学化工数据主要靠编程实现，这需要使用者拥有较高编程水平。然而，编程并非多数人的强项，因此用编程方法处理化学化工数据难以普及，于是就出现了各式各样的化学工具软件。然而这些工具软件的用法多散见于书刊，且简介性的内容较多，迄今尚没有将这些软件有机地组合在一本书中并紧密结合化学、化工数据处理的实例教程。

本书选用最新的化学、化工数据处理软件为平台进行讲解，包括数据处理软件Origin，化学办公软件 ChemOffice 以及示意图绘制软件 Visio。所选的实例都是与化学、化工数据处理密切相关的。读者只要按照实例一步一步做，就能快速掌握常见的化学、化工数据处理方法。考虑到各种数据处理结果最终要形成文本输出或做成幻灯片展示，本书还专门讲了 Word 高级应用以及 Powerpoint 应用技巧方面的内容。

学习本书之前，最好具备以下软、硬件条件。

（1）硬件要求和操作系统

本书所用软件对机器的性能要求不高，奔腾Ⅱ以上、拥有 128MB 内存和 20G 硬盘的电脑都能胜任。现在的电脑性能远超最低要求。

写作本书所用操作系统为 Windows 2000 Pro。安装 Windows 2000 Pro 之后，应首先安装 SP4（Service Pack 4）。办公软件为 Office 2000，并安装必要的防毒软件。

（2）升级 Windows 和 Office

只有安全稳固的操作系统才能为我们提供可靠的工作平台，不至于因为系统问题而操作不出来或频频死机。如果你用宽带或 ADSL 上网，那么请升级你的 Windows 和 Office。如果你用"小猫"上网，请跳过这部分，因为升级文件实在太多也太大了。

SP4 很容易找到光盘版，如果在线升级到 SP4 则需要更长时间。

Windows 的【开始】菜单的最上端有个【Windows Update】选项，单击之即可链接微软网站。IE 浏览器的【工具】菜单中也有一个【Windows Update】项，也能达到异曲同工的目的。【Windows Update】首页如图 1 所示。

图 1　升级 Windows

单击【查看以寻找更新】超链接，Windows 会花几分钟或更长时间来检查系统更新状态。检查完毕后出现如图 2 所示的窗口。

图 2　复查并安装更新

Windows 更新有 3 个方面：

- 【关键更新和 Service Pack】：这是必须进行的更新，必须一直更新到其后面的数字为 "0"。即使安装了 SP4，Windows 2000 Pro 也有超过 20 项的关键更新，并且有些更新项目必须单独进行，也就是说一次只能更新一个项目。完成全部关键更新需要下载几十 MB 的文件，并反复重新启动几次机器。
- 【Windows 2000】：这个更新项目是可选的，通常不必更新这里面的项目。
- 【驱动程序更新】：通常也不必更新这里的项目。

单击【复查并安装更新】超链接，将所有关键更新安装到计算机上。

升级 Office 可以到微软网站 http://www.microsoft.com/按提示进行，这里不再赘述。

书中涉及的其他软件的版本会在相关内容中提及。

（3）安装必要的化学、化工软件

学习本书需要安装 Origin 7.0，ChemOffice 2004 和 Visio 2003 等软件。用户可以在网上找到这些软件的试用版。也可以使用其他版本的软件进行学习，但是软件界面可能有所差异，也不能保证在操作步骤上完全兼容，读者应该灵活掌握。

第1章　Word 软件应用进阶

微软的办公软件 Office 包括 Word、Excel、PowerPoint、Access、Frontpage 等部分，其中 Word 是最为常用的，我们编辑文稿通常会和它打交道。由于 Word 界面直观，即使没有专门学习过的人也能无师自通，也能用 Word 编辑排版文件。但在实际的教学过程中我们发现，甚至不少学过 Office 套件的人也不能高效地使用 Word，编辑命令不清楚，排版不规范，不懂高级的编排操作技巧，这样不仅浪费时间，还会影响正式文稿的效果，特别是在编排规模较大的文稿时问题尤其突出。

本章首先讲解 Word 编辑排版中常见的问题，之后讲解在 Word 中插入图形的相关操作。撰写科学论文或毕业论文时，公式编辑器是少不了要用到的，这部分内容会重点讲解。如果你要形成鸿篇巨制，比方写一本书或完成一篇几十甚至上百页的毕业论文，不妨花点时间仔细研读一下本章后面讲的样式、宏、模板和快捷键。弄懂这些内容不仅会给你带来很高的排版效率（排版格式越复杂效率就越高），还能带给你相当专业的输出效果。"磨刀不误砍柴功"，这句俗话放在这里说是再合适不过的了。

1.1　Word 编辑排版中常见问题

在 Word 中要达到某种排版效果，可以采用多种方法。一些方法很笨拙，但不幸的是有不少人还在采用这类笨方法解决问题。其实规范方法学起来也很容易，效率也更高，形成的文本效果也更好、更显专业风采。

1.1.1　显示/隐藏编辑标志

编辑符号是不会打印出来的，因此 Word 在默认情况下也不会显示这些符号，如空格、Tab 键、分页标志等。然而在编辑大文本时可能需要将这些编辑标志显示出来，帮助我们了解文本及段落的编辑情况，了解到底是什么符号在起作用。

使用"显示/隐藏编辑标志"按钮的方法很简单，将 Word 工具栏上的 按钮按下就显示编辑标志，弹起就隐藏编辑标志。在显示编辑标志的状态下，英文空格显示为浅灰色的小圆点，汉字空格显示为浅灰色的方框，Tab 键显示为浅灰色的小箭头等，分页符等编辑符号也会显示出来。

1.1.2　空格与居中

多数文章的标题是要居中放置的，因此有不少人连续输入若干空格将标题推到文本中部，然后左瞄右瞄，增加几个空格或删除几个空格，惟恐标题不在页面的中间。这种居中方法实在太低效了，也对不准确。其实 Word 在工具栏上有个居中按钮▤（见图 1-1），将光标停留在要居中的行上，单击▤按钮即可完成居中操作。

图 1-1　格式工具栏

默认的段落对齐状态是两端对齐，用户往往是在默认对齐方式下输入文字，然后再使用▤按钮居中，需要注意的是首行有没有设置缩进。首行缩进显示在水平标尺上。水平标尺如图 1-2 所示。

图 1-2　水平标尺

若带有首行缩进，单击▤按钮居中后应将首行缩进滑块拖至标尺的零点，否则该行不会真正居中，会偏离 1/2 的首行缩进距离。标尺上的滑块或按钮简介如下：

（1）首行缩进：中文行文的习惯是首行空出两个字。首行缩进滑块就是用来完成这项任务的。

（2）悬挂缩进：有时除了首行需要缩进之外，后续行也需要缩进，这就是所谓的悬挂缩进。排版时用到悬挂缩进的情况比较少。

（3）左缩进：缩进整段内容，包括首行缩进和后续行。

（4）左对齐式制表符：▙是默认制表符，文中有若干行需要对齐时，可用这个制表符间隔并对齐，单击这个制表符按钮，可顺序切换到如下各种制表符：

- 居中式制表符▟。
- 右对齐式制表符▟。
- 竖线对齐式制表符▮。
- 首行缩进▽。
- 悬挂缩进▭。
- 小数点对齐式制表符▙：在表中若需要将带有小数点的项目在小数点处对齐，可选中各项目，在水平标尺上单击，小数点即可在出现▙的地方对齐。如

3.1

31.41

314.159

1.1.3 空行与分页

有不少人在使用 Word 时采用空行控制段落间距，或用空行将部分内容推到下一页来强制分页。这样做在调整段落间距时不易达到精确的控制效果，用做分页时又很容易受到版面内容变化的影响，如增加或减少了一行，会导致整个版面重新调整。其实 Word 提供了更为方便和正规的做法。

（1）控制段前/段后间距

① 将光标置于要调整的段落上。

② 执行【格式】/【段落】菜单命令，或单击鼠标右键，在弹出的快捷菜单中选择【段落】菜单项，弹出【段落】属性窗口，如图 1-3 所示。

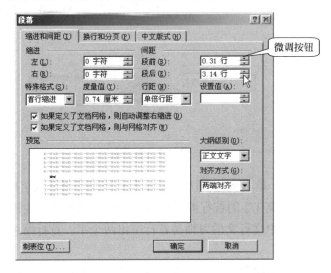

图 1-3 【段落】属性窗口

③ 单击【缩进和间距】选项卡（这是默认的、首先出现的选项卡）。

④ 在【间距】的【段前】、【段后】输入框中输入打算控制的段前、段后间距数值。

这里可以直接输入小数精确控制段落间距。若用微调按钮调整间距，则每次调整会以 0.5 行为倍数增减。使用过 Word 早期版本的人可能习惯使用磅值来调整段间距，这里也可以直接输入磅值，比如"20 磅"。

⑤ 单击 确定 按钮，退出段落属性设置对话框。

（2）插入分页符号

① 将光标置于要分页的段落的段首。

② 执行【插入】/【分隔符】菜单命令，弹出【分隔符】对话框，如图 1-4 所示。

对话框里包括【分隔符类型】和【分页符类型】两大类，共 7 个单选项。最常用的【分页符】为默认设置。

③ 单击 确定 按钮，插入分页符。

用分页符强制分页不会受版面调整的干扰，有助于我们高效地完成复杂文稿。

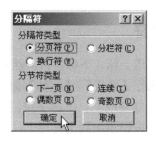

图 1-4 【分隔符】对话框

1.1.4 表格内容的对齐

填写表格后，通常需要将某些项目对齐。居中和左对齐这两种编辑方式使用比较多。然而有时表格单元具有不同的高度，使用 ≡ 按钮会使表中文字贴着单元格上缘对齐，效果很不好看。实际上表格有专用的对齐方式。

对齐表格内容的具体操作方法如下：

① 选中表格。

② 单击右键，弹出快捷菜单，单击【单元格对齐方式】菜单项，弹出 9 个对齐按钮，如图 1-5 所示。

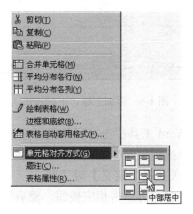

图 1-5 单元格对齐方式菜单项

③ 单击 ≡ （中部居中）按钮，将单元格内容对齐。最终效果如表 1-1 所示。

表 1-1 对齐单元格实例——聚合物复合体系的分类

复合体系	分散相尺度			
	>1000nm (>1μm)	100~1000nm (0.1~1μm)	1~100nm (0.001~0.1μm)	0.5~10nm
聚合物/低分子物		低分子作增容剂	低分子流变改性剂	外部热塑性聚合物
聚合物/聚合物	宏观相分离型聚合物掺混物	微观相分离型聚合物合金	分子复合物，完全相容型聚合物合金	
聚合物/填充物	聚合物/填充物复合体系	聚合物/填充物复合体系	聚合物/超细粒子填充复合体系	聚合物纳米复合体系

1.1.5 上标字符和下标字符

科学工作者的文稿中常会出现上标、下标字符。然而 Word 默认的工具栏中却没有这两个按钮。每次使用时都得执行【格式】/【字体】命令，选中【字体】选项卡中【效果】项中的上标或下标复选框才能变成上、下标字符，非常麻烦。

我们可以将上标按钮和下标按钮添加到工具栏上，这样使用起来就方便多了。添加上标、下标按钮的具体操作方法如下：

① 执行【工具】/【自定义】菜单命令，弹出【自定义】对话框。

② 单击【命令】选项卡。

③ 单击【类别】中的【格式】选项。

④ 下拉右侧【命令】框中的滚动条，找到【上标】项，如图 1-6 所示。

图 1-6　添加上标、下标按钮

⑤ 拖动上标按钮 x^2 到 Word 工具栏上，释放鼠标按钮。

⑥ 同样将下标按钮 x_2 也拖到工具栏上。

⑦ 单击 关闭 按钮关闭【自定义】对话框。

需要使用上标、下标字符时，可单击相应按钮，然后键入字符；或选中打算变成上标、下标的文字，单击相应按钮，即可完成变换。

工具栏上有了按钮，输入上标、下标就方便多了。但更高效的办法是记住快捷键，这样可以不必在键盘和鼠标间不断切换了。

- 上标：Ctrl + Shift + = （再按一次文字恢复正常）。
- 下标：Ctrl + = （再按一次文字恢复正常）。

1.1.6 特殊符号

科学工作者难免要和许多符号打交道。Word 提供了大量符号供我们选择，我们可以通过执行【插入】/【符号】命令插入选中的符号，也可以按照上面所讲的添加上标、下标按钮那样，将插入符号按钮 Ω 添加到工具栏上。插入符号按钮 Ω 在【自定义】/【命令】/【类别】/【插入】命令中，具体操作这里就不详述了。

对于一些常用的符号，可以定义成快捷键，这样使用起来更加高效。比如常用的角度符号"°"或希腊字母"α"等都可以定义成快捷键输入。

自定义符号快捷键的具体操作方法如下：

① 单击 Ω 按钮，弹出符号对话框，选择字体为"Symbol"，如图 1-7 所示。

② 单击角度符号，单击 快捷键(K)... 按钮，弹出【自定义键盘】对话框，如图 1-8 所示（这时光标停留在【请按新快捷键】输入框中）。

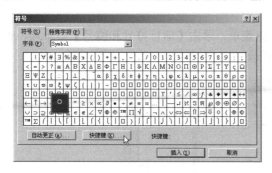

图 1-7　插入符号　　　　　　　　　　　图 1-8　指定快捷键

③ 按 Ctrl + Shift + O 组合键，单击 指定(A) 按钮。

④ 单击 关闭 按钮退出【自定义键盘】对话框。

⑤ 单击 关闭 按钮退出【符号】对话框。

经过这样一番操作，角度符号就有了一个快捷键，今后需要输入摄氏度符号时，只要按 Ctrl + Shift + O 组合键就可以了，非常方便。

用同样方法可以给其他常用特殊字符设定快捷键，如希腊字母"α"可指定快捷键为 Ctrl + Shift + A，"β"指定快捷键为 Ctrl + Shift + B，等等。

1.1.7　项目符号和编号

在表述复杂内容时，难免要用●、■、□、◆之类的符号突出重点段落，或用 1、2、3、4、5 之类的编号让叙述更有层次。项目符号相对容易用，但许多人却不会使用 Word 提供的编号，总要不厌其烦地亲自输入编号才放心。引起这些人不安的一个重要原因是因为他们发现无法直接修改编号。另一方面，Word 在编号上有一定的智能，如果你给第一段编了一个号码，比如"1."，输完段落内容回车，Word 会自动进入编号样式，给出"2."，等着我们输入第二段内容。这种作法被一些用户认为是越俎代庖，从而引发不满。

其实 Word 提供的项目符号和编号是很方便的，理解用法后就会喜欢上它。我们可以把精力集中到内容上，根本就不用理会编号，因为 Word 会根据段落的增加或减少情况自动重排编号，而无须逐一修改。例如一个拥有几百篇参考文献的列表，如果用编号功能，那么在列表中插入或删除一篇文献是很容易做到的事情，然而若不用 Word 提供的编号功能，每篇文献的编号都由用户键入，那可就麻烦多了，文献列表的变化所引起的编号调整工作就得耗费很长时间。

（1）给段落加上编号

① 在 Word 中输入几段文字（比方输入自本行开始的 3 段文字）。

② 选中这几段文字。

③ 单击工具栏上的 （编号）按钮，为各段编号。

如果实在不喜欢 Word 提供的编号样式，那么可以选用其他形式的编号。

（2）选择其他编号

① 选中上述 3 段文字。

② 在选中的文本上单击右键，弹出快捷菜单，单击【项目符号和编号】菜单项，弹出【项目符号和编号】对话框，如图 1-9 所示。

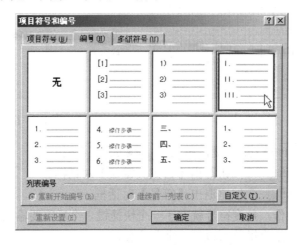

图 1-9 【项目符号和编号】对话框

③ 单击编号选项卡，单击罗马数字编号样式。

④ 单击 确定 按钮更改编号。

经过上述操作，原来由阿拉伯数字编号的段落就变成罗马数字编号了。

有时 Word 提供的编号不合适，这时就可以自定义编号。下面我们自定义参考文献编号常用的形式，如[1]之类的编号。

（3）自定义编号

① 选中上述 3 段文字。

② 在选中的文本上单击右键，弹出快捷菜单，单击【项目符号和编号】菜单项，弹出【项目符号和编号】对话框。

③ 单击选择阿拉伯数字编号。

④ 单击 自定义(T)... 按钮，弹出【自定义编号列表】对话框，如图 1-10 所示（在【编号格式】编辑框中，有个带有浅灰色底纹的数字，这就是编号，它是会变化的）。

⑤ 在编号左侧输入左方括号"["，在编号右侧输入右方括号"]"，并将编号右侧的圆点删除，变成形如"[1]"的样子。

⑥ 将【起始编号】置为"1"。

⑦ 单击 确定 按钮退出【自定义编号列表】对话框。

图 1-10 【自定义编号列表】对话框

Word 默认的编号是从小到大连续排列的，但有时我们每叙述一个新问题就需要从"1"开始新编号，就像本书每个操作步骤都是从"1"开始一样。这就需要设置重新开始编号。

（4）重新开始编号

① 在打算重新开始编号的段落上单击右键，弹出快捷菜单，单击【项目符号和编号】菜单项，弹出【项目符号和编号】对话框。

② 选择【列表编号】/【重新开始编号】单选项。

③ 单击 确定 按钮完成重新开始编号操作。

1.1.8 Word 常用快捷键

Word 提供了不少快捷键，前面我们提到了一些，这里再列出一些常用的快捷键，供立志成为 Word 高手的人使用，如表 1-2 所示。

表 1-2 Word 常用快捷键

快 捷 键	功 能	快 捷 键	功 能
Ctrl+A	全选	Ctrl+G/H	查找/替换
Ctrl+C	复制	Ctrl+N	全文删除
Ctrl+V	粘贴	Ctrl+M	左边距
Shift+→ 或 Shift+←	选中文本	Ctrl+Q	两端对齐，无首行缩进
Ctrl+B	粗体字（再按一次文字恢复正常）	Ctrl+J	两端对齐
Ctrl+I	*斜体字*（再按一次文字恢复正常）	Ctrl+R	右对齐
Ctrl+U	下划线（再按一次文字恢复正常）	Ctrl+K	插入超链接
Ctrl + Shift + =	上标 x^2（再按一次文字恢复正常）	Ctrl+T/Y	首行缩进
Ctrl + =	下标 x_2（再按一次文字恢复正常）	Ctrl+O	打开文件
Ctrl+E	居中	Ctrl+S	保存文件
Ctrl+ [或 Ctrl+]	设置选中的文字大、小	Ctrl+P	打印
Ctrl+D	字体设置（选中目标）		

1.1.9 文字排版练习

下面给出一段文字，其中只使用了部分排版功能，供读者练习排版用。

十位最杰出的物理学家

英国《物理世界》杂志在世界范围内对 100 余名一流物理学家进行了问卷调查，根据投票结果，评选出了有史以来 10 位**最杰出的**物理学家，刊登在新推出的千年特刊上，他们是：

1. 爱因斯坦（德国）
2. 牛顿（英国）
3. 麦克斯韦（英国）
4. 玻尔（丹麦）
5. 海森伯格（德国）
6. 伽利略（意大利）
7. 费曼（美国）
8. 狄拉克（英国）
9. 薛定谔（奥地利）
10. 卢瑟福（新西兰）

在当代物理学家眼中，爱因斯坦的*狭义和广义相对论*、牛顿的*运动和引力定律*再加上*量子力学理论*，是有史以来最重要的三项物理学发现。

接受调查的物理学家们还列举了下个千年有待解决的一些主要物理学难题：

- 量子引力
- 高温超导体
- 聚变能
- 太阳磁场

1.2　插入图片

化学、化工类的文稿少不了图和表。这里我们做个小练习，在文本中插入剪贴画并更改图片的属性。在 Word 中插入来自文件的图片操作也与插入剪贴画类似。

1.2.1　插入剪贴画

① 输入"计算机与互联网"一段文字（见后面的文本）。

② 使用【插入】/【图片】/【剪贴画】菜单命令，弹出【插入剪贴画】对话框，如图 1-11 所示。

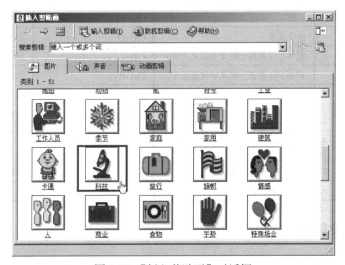

图 1-11　【插入剪贴画】对话框

③ 在图片选项卡中，单击【科技】类。

④ 在【计算机】剪贴画上单击右键，弹出快捷菜单，单击【插入】选项，如图 1-12 所示。

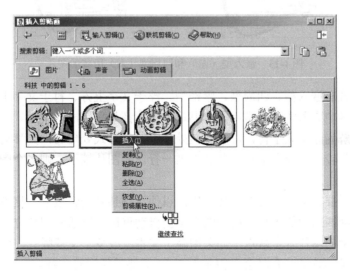

图 1-12 插入【计算机】剪贴画

经上述操作就可以将图片插入到文本中光标所在位置。修改图片属性之后（有关内容将在第 1.2.2 节中讲解），最终形成如下形式的文本：

计算机与互联网

Internet 采用光缆、微波卫星通信等方式连接各远程主机，这些工程多由国家政府部门出面承建。目前世界上已有  150 多个国家和地区加入了互联网，上网的大型主机有几百万 台，微机则有数千万台。Internet 采用光缆、微波卫星通信等方式连 接各远程主机，这些工程多由国家政府部门出面承建。目前世界上 已有 150 多个国家和地区加入了互联网，上网的大型主机有几百 了互联网，上网的大型主机有几百 万台，微机则有数千万台。

Internet 采用光缆、微波卫星通信等方式连接各远程主机，这些工程多由国家政府部门出面承建。目前世界上已有 150 多个国家和地区加入了互联网，上网的大型主机有几百万台，微机则有数千万台。

1.2.2 图片属性

实际上，按照上述方法插入剪贴画是不会直接得到上述结果的。按上述方法剪贴画会被 Word 当作一个大字符插入光标所在位置，图片的版式为嵌入型。若要达到上面的效果，就需要将图片版式改为四周型。单击剪贴画，其四周有一个黑实线框围绕的是嵌入型，四周有 8 个小方框围绕的是四周型，如图 1-13 所示。

图 1-13　嵌入型（左）和四周型（右）版式的图片

图片的版式有嵌入型、四周型、紧密型、浮于文字上方、衬于文字下方几种，前两种使用较多，其中嵌入型最为常用，本书多数图片都是采用嵌入型版式。可以将嵌入型版式的图片理解为一个大字符，可以安装处理字符的方式处理它，如移动、删除、复制等。但由于图片较大，通常会让它单独占据一行。若图片较小，则多个图片可排列在一行中。

有时我们需要将文字环绕在图片四周，以便达到某种编辑效果，这就需要四周型的图片版式。移动四周型的图片，周围的文字会自动重排。以适应图片位置的变化，非常灵活。但四周型的图片有个缺点，如果增减了文本或改变了文章版式，四周型图片可能会发生不可预见的移动，有时会"飘忽不定"，需要重新调整才行。

设置图片格式的方法很简单。在图片上单击右键，弹出快捷菜单，单击【设置图片格式】菜单项，出现【设置图片格式】对话框，如图 1-14 所示。

这里面有若干选项卡可以设置图片的格式，包括【颜色和线条】、【大小】、【版式】、【图片】等。要精确控制图片大小可在【大小】选项卡中设置，要改变图片版式可在【版式】选项卡中设置，要裁剪图片则可以在【图片】选项卡中进行。

单击图片，会出现图片工具栏，使用图片工具栏处理图片会很方便。如果没有出现图片工具栏，可在图片上单击右键，弹出快捷菜单，选择【显示"图片"工具栏】菜单项，如图 1-15 所示。图片工具栏如图 1-16 所示。

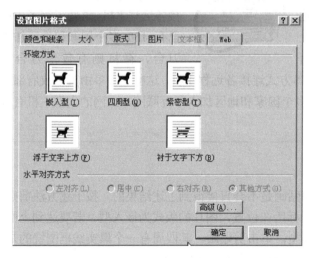

图 1-14　【设置图片格式】对话框　　　　　　图 1-15　显示"图片"工具栏

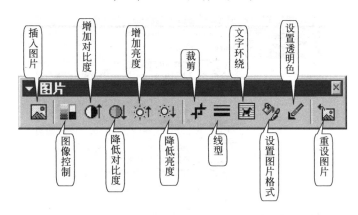

图 1-16　图片工具栏

加工图片所需要的功能都列在了【图片】工具栏上。要裁剪图片，可单击 按钮，然后拖动图片四周的黑色小方块裁剪图片。要改变图片版式，可单击 按钮，在弹出的快捷菜单中选择相应版式。若要调出【设置图片格式】对话框，可通过单击 按钮实现。

1.2.3　插入图片来自文件

插入来自文件的图片，操作方法和上述插入剪贴画差不多。可通过执行【插入】/【图片】/【来自文件】命令来实现。

对于经常需要在文本中插入图片的人来说，最好在 Word 工具栏上添加一个插入图片按钮 ，这样使用起来就快捷多了。

添加插入图片按钮 的方法与第 1.1.5 节添加上标、下标按钮的方法类似。其位置在【工具】/【自定义】/【命令】/【类别】/【插入】/【来自文件】处。

1.3　公式编辑器

公式编辑器是 Office 的附件，以默认方式安装 Office 时并不会安装它，因此才有不少计算机用户纳闷："为什么我的 Word 没有公式编辑器？"解决问题的方法很简单，如果你重装 Office，记得采用"自定义"方式安装。如果你已经以默认方式安装了 Office，补充安装就行了。下面我们讲解如何补充安装公式编辑器。

1.3.1　安装公式编辑器

① 双击打开 Office 2000 安装程序"Setup.exe"，稍候出现【Microsoft Office 2000 维护模式】窗口，如图 1-17 所示。

② 单击 【添加或删除功能】按钮，出现【Microsoft Office 2000 :更新功能】窗口，如图 1-18 所示。

③ 单击【Office 工具】左侧的 按钮，展开【Office 工具】选项，单击公式编辑器左侧的 下拉按钮，弹出快捷菜单。如图 1-19 所示。

图 1-17 【Microsoft Office 2000 维护模式】窗口

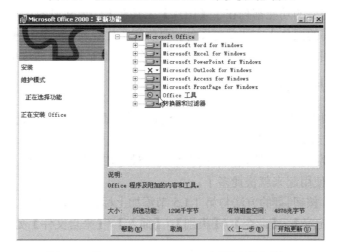

图 1-18 【Microsoft Office 2000 :更新功能】窗口

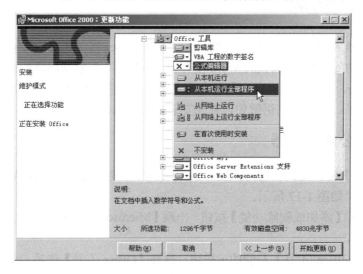

图 1-19 展开【Office 工具】选项

④ 选择【从本机运行全部程序】项，单击 按钮，即可完成公式编辑器的
安装。

1.3.2 启动和退出公式编辑器

① 执行 Word 中的【插入】/【对象】菜单命令，弹出【对象】对话框，如图 1-20
所示。

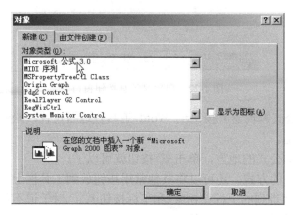

图 1-20 插入对象对话框

② 在【新建】选项卡中，下拉滚动条，选择【Microsoft 公式 3.0】，单击 确定
按钮，即可启动公式编辑器。

弹出的公式编辑器窗口将 Word 窗口的菜单栏和工具栏遮盖住，同时出现公式模板
工具栏和公式编辑框，如图 1-21 所示。

图 1-21 公式模板工具栏及公式编辑框

公式编辑框中有一个跳动的光标符号，随着字符的输入而向后移动。
③ 在公式编辑框内输入数学公式。
④ 在公式编辑框外单击一下鼠标，退出公式编辑器。

1.3.3 在工具栏上增加公式编辑器按钮

在化学、化工文本编排中，公式编辑器是一个常用对象。因此最好将公式编辑器按
钮放置在工具栏上，这样使用起来就方便多了。

在工具栏上增加公式编辑器按钮的操作步骤如下：
① 执行【工具】/【自定义】菜单命令，弹出【自定义】窗口。
② 单击【命令】选项卡。然后单击【类别】窗口中的【插入】项。
③ 下拉【命令】栏右侧的滚动条，找到公式编辑器选项，如图 1-22 所示。

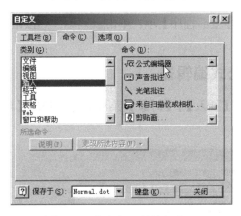

图 1-22　自定义工具按钮窗口

④ 拖动 $\sqrt{\alpha}$（公式编辑器）按钮至 Word 工具栏适当位置，松开鼠标左键，即可将按钮添加到工具栏上。

今后在需要添加公式的地方，单击 $\sqrt{\alpha}$ 按钮就可以了。

使用自定义命令的方式，还可以将其他常用按钮放到工具栏上，比方常用的插入符号按钮 Ω，还有前面讲到的上标按钮 x^2 和下标按钮 x_2，对于记不住快捷键的人来说，使用自定义按钮也是很方便和高效的。

1.3.4　公式模板简介

单击 $\sqrt{\alpha}$ 按钮，弹出的公式编辑器窗口将 Word 窗口的菜单栏和工具栏遮盖住，同时出现公式模板工具栏，如图 1-23 所示。

图 1-23　公式模板工具栏

公式模板工具栏分为上下两层，共计 19 个按钮。单击这些按钮弹出其所包含的全部模板。工具栏上层的全部模板如图 1-24 所示。工具栏下层的全部模板如图 1-25 所示。

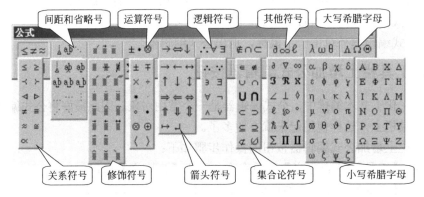

图 1-24　公式模板工具栏上层的全部模板

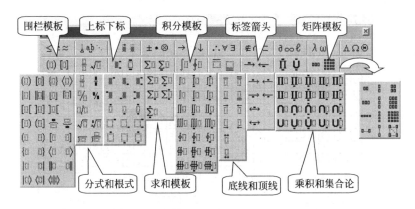

图 1-25　公式模板工具栏下层的全部模板

　　灵活运用这些模板，不仅能构造出复杂的数学公式，还可以用在其他方面，比如书写化学反应方程式。

1.3.5　字符样式和空格

　　公式编辑器的【样式】菜单中有【数学】、【文字】、【函数】、【变量】、【希腊字母】、【矩阵向量】、【其他】、【定义】等多种样式供用户选用。默认状态是【数学】样式，字体为斜体，这种样式用得最多。但有时用户可能希望在公式后面输入一些文字说明，这就需使用【文字】样式。可以先用【数学】样式输入全部字符，然后选中要变换的字符，执行【样式】/【字符】菜单命令，将其改为字符样式。

　　使用公式编辑器时另一个需要注意的问题是空格。在【数学】样式编辑状态下，空格键是不起作用的。因此公式编辑器中专门提供了【间距和省略号模板】，提供一些间距不等的空格符号供用户选用。省略号也在这个模板中。

1.3.6　自造符号

　　公式编辑器给出的数学符号已经够多了，如果你还有什么奇怪符号要输入，不妨自己造一个。

　　长度单位"埃"的符号"Å"在 Word【插入】/【符号】菜单命令中可以找到，如图 1-26 所示。

　　然而在公式编辑器中却没有"Å"这个符号。下面我们在公式编辑器中自造这个符号。

　　① 启动公式编辑器。

　　② 执行【样式】/【文字】菜单命令。输入字母"A"。

　　③ 使用【其他符号模板】，输入符号"○"。

　　④ 选中"○"符号，使用 Ctrl + 光标移动键（即 ← ↑ → ↓ 键）将其移动到"A"上方，组成"Å"符号。

　　⑤ 退出公式编辑器。

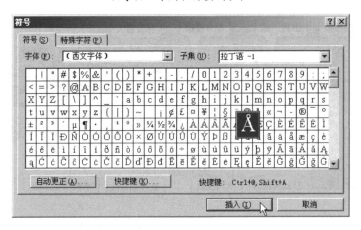

图 1-26　插入符号"Å"

1.3.7　公式编辑器常用快捷键

使用快捷键能极大地提高公式的输入速度。有些快捷键也很好记，是英文单词的首字符，如按 $\boxed{\text{Ctrl}}$ + $\boxed{\text{F}}$ 键可以输入分式模板，F 乃分式（Fraction）的首字符。需要注意的是，别把公式编辑器里面的快捷键和 Word 中的快捷键弄混了。

普通用户应该记住如下几个快捷键。

- 选中字符：$\boxed{\text{Shift}}$ + $\boxed{\rightarrow}$ 或 $\boxed{\text{Shift}}$ + $\boxed{\leftarrow}$
- 上标x^2：$\boxed{\text{Ctrl}}$ + $\boxed{\text{H}}$　　（High）
- 下标x_2：$\boxed{\text{Ctrl}}$ + $\boxed{\text{L}}$　　（Low）
- 分式：$\boxed{\text{Ctrl}}$ + $\boxed{\text{F}}$　（Fraction）
- 根式：$\boxed{\text{Ctrl}}$ + $\boxed{\text{R}}$　（Root）
- 移动：$\boxed{\text{Ctrl}}$ + $\boxed{\text{光标移动键}}$　（$\boxed{\leftarrow}$、$\boxed{\uparrow}$、$\boxed{\rightarrow}$、$\boxed{\downarrow}$）
- 1 磅间距：$\boxed{\text{Ctrl}}$ + $\boxed{\text{Alt}}$ + $\boxed{\text{空格键}}$

对于需要编排大量公式的人来说，记住全部快捷键是很有帮助的。下面分类列出公式编辑器的各种快捷键，见表 1-3~表 1-8。

表 1-3　调整尺寸

功　能	快　捷　键	功　能	快　捷　键
100%	Ctrl+1	重绘	Ctrl+D
200%	Ctrl+2	全部显示	Ctrl+Y
400%	Ctrl+4		

表 1-4　选择样式

样　式	快　捷　键	样　式	快　捷　键
数学	Ctrl+Shift+=	变量	Ctrl+Shift+I
文字	Ctrl+Shift+E	希腊字母	Ctrl+Shift+G
函数	Ctrl+Shift+F	矩阵向量	Ctrl+Shift+B

表 1-5　输入数学符号

数 学 符 号	快 捷 键	数 学 符 号	快 捷 键
无穷	Ctrl+K+I	乘积	Ctrl+K+T
箭头	Ctrl+K+A	属于	Ctrl+K+E
导数（偏导）	Ctrl+K+D	不属于	Ctrl+K+Shift+E
小于或等于	Ctrl+K+<	包含	Ctrl+K+C
大于或等于	Ctrl+K+>	不包含	Ctrl+K+Shift+C

表 1-6　输入模板

模 板	快 捷 键	模 板	快 捷 键
小括号	Ctrl+9 或 Ctrl+0	n 次方根	Ctrl+T，释放 Ctrl 键后再按 N 键
中括号	Ctrl+[或 Ctrl+]	求和	Ctrl+T，释放 Ctrl 键后再按 S 键
大括号	Ctrl+{ 或 Ctrl+}	乘积	Ctrl+T，释放 Ctrl 键后再按 P 键
分式	Ctrl+F	矩阵样板 3×3	Ctrl+T，释放 Ctrl 键后再按 M 键
斜杠分式	Ctrl+/	上横线	Ctrl+Shift+-
上标	Ctrl+H	波浪线	Ctrl+Shift+~
下标	Ctrl+L	箭头（矢量）	Ctrl+Alt+-
上/下标	Ctrl+J	单撇	Ctrl+Alt+'
积分	Ctrl+I	双撇	Ctrl+Alt+"
绝对值	Ctrl+T	单点	Ctrl+Alt+句点
根式	Ctrl+R		

表 1-7　移动字符

移 动	按 键	移 动	按 键
左移一个像素	Ctrl+向左光标键	上移一个像素	Ctrl+向上光标键
右移一个像素	Ctrl+向右光标键	下移一个像素	Ctrl+向下光标键

表 1-8　增加字符间距

间 距	快 捷 键	间 距	快 捷 键
1 磅间距	Ctrl+Alt+空格键	宽间距（全身的 $\frac{1}{3}$）	Ctrl+Shift+空格键

1.3.8　公式编辑练习

下面是几个小练习，可以用来提高使用公式编辑器的熟练程度。请配合公式编辑器的快捷键来完成这些练习。

【例 1】　一元二次方程

$$ax^2 + bx + c = 0 \quad (a \neq 0)$$

$$根\ x_{1,2} = \frac{-b \pm \sqrt{b^2 - 4ac}}{2a}$$

$$b^2 - 4ac \begin{cases} > 0 & 有两个不相等的实根 \\ = 0 & 有两个相等的实根 \\ < 0 & 有一对共轭复根 \end{cases}$$

根与系数的关系　$x_1 + x_2 = -\dfrac{b}{a}$，$\quad x_1 x_2 = \dfrac{c}{a}$

判别式　$b^2 - 4ac$ $\begin{cases} > 0 & \text{有两个不相等的实根} \\ = 0 & \text{有两个相等的实根} \\ < 0 & \text{有一对共轭复根} \end{cases}$

【例2】 薛定谔方程

$$\left[-\frac{\hbar^2}{2m_e}\nabla^2 - \frac{Ze^2}{r} \right]\psi = E\psi$$

【例3】 数均分子量（所有分子质量之和，除以分子总数）

$$\overline{M}_n = \frac{\sum\limits_i N_i M_i}{\sum\limits_i N_i} = \frac{\sum\limits_i N_i M_i}{N} = \sum\limits_i \overline{N}_i M_i$$

其中，$N = \sum\limits_i N_1 + N_2 + N_3 + \cdots + N_i$，$\quad \overline{N}_i = \dfrac{N_i}{N}$

【例4】 套管式换热器传热问题的偏微分方程

$$\frac{\partial t}{\partial \tau} = \frac{2K}{r\rho C_p}(T_w - t) + \frac{\lambda}{\rho C_p} \times \frac{\partial^2 t}{\partial l^2} - u\frac{\partial t}{\partial l}$$

字符中间加一条横线的模板在【修饰符号】模板组中。如果字符间距太小，如此式中ρ与C_p之间，则可使用【间距与省略号】模板组中的间距模板将其拉开合适的距离。

1.4　Word 中的样式

内容丰富的文章是需要仔细排版的。通过选择字体、字号、颜色、段落格式等方式来表现内容，才可使文章层次分明，条理清楚，富有表现力。

文章的排出版面必须统一。统一的版面可以通过细致的排版过程来实现。但如果需要排版的是一部大文稿，如一本硕士毕业论文或一部书稿，里面有许多格式要求不一的段落，若逐段编辑排版一遍，逐一确定各段所需字体、字号、颜色、段落格式等内容，即使累不垮作者的身体，也会浪费大量宝贵时间。如果能够制定几种不同的排版"标准"，将文中各段落分类套用这些"标准"，那么排版效率就会高多了。本节所讲的"样式"就是这样一些"标准"，准备完成大文稿的读者应仔细学习本节。

1.4.1　什么是样式

所谓"样式"就是字体、段落、制表位、边距、语言、图文框、编号等属性的集合。编辑排版工作所设计的主要内容无非就这些。Word 提供了几种默认的样式。单击 Word 工具栏样式选项框的下拉按钮，可以弹出样式选项菜单，如图 1-27 所示。

然而 Word 提供的这些样式种类太少，并且也不符合我们的要求，因此学会自定义样式就成为必备技能。在自定义样式之前，我们首先分析一下写作一篇硕士或博士毕业论文需要用到哪几种基本样式。

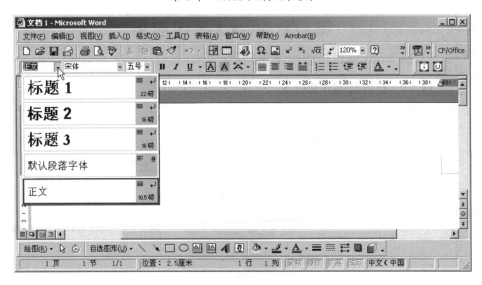

图 1-27　Word 默认的样式

1.4.2　写作常用的几种样式

首先是正文样式，不带缩进，这是其他一切样式的基础，在某些情况下也会使用到。比如在文中列出一个公式，在随后解释公式中各符号代表什么意思的段落里，文字就是顶格开始的。如下式所示：

$$E = mc^2$$

式中，E 表示能量；m 表示质量；c 是真空中的光速。

其次是带有缩进的正文样式，这种样式使用最多。此外还有标题样式。这里奉劝大家不要把标题弄得太深太复杂，通常有 3 级标题就可以了。如果文稿中出现 4 级标题，可以考虑将其拆分成两个 3 级标题。标题样式得使用多级符号，便于更改。科技文章难免要使用图、表。图注和表头文字应该和正文有所区别，尺寸通常会较小，并且也需要带有多级符号，便于修改和增删图表。最常用的样式大概就这些了，如图 1-28 所示。

1.4.3　设置正文缩进样式

正文样式是其他一切样式的基础。

Word 提供了正文样式，但这里我们要将其修改一下以适用撰写毕业论文的需要。字号由五号字改为小四号字，行距由单倍行距改为 1.5 倍行距。大一些的字体可以让审稿的老先生们看得更清楚，宽一些的行间距也便于导师修改。这种样式的另外一个重要优点就是能使论文显得厚重些。

（1）设置正文样式

① 执行【格式】/【样式】菜单命令，弹出【样式】对话框，如图 1-29 所示。

在 Word 的正文样式里，中文字体用"宋体"，英文字体用"Times New Roman"，字号为五号字，中文为汉字简体，其他文字为美国英语，段落两端对齐，行间距为单倍

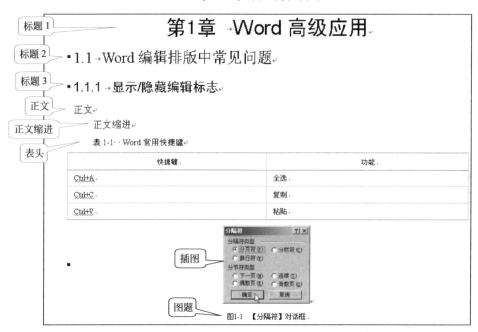

图 1-28　写作常用样式

图 1-29　【样式】对话框

图 1-30　【更改样式】对话框

行距。

　　② 单击 更改(M)... 按钮，弹出【更改样式】对话框，如图 1-30 所示。

　　③ 单击 格式(O) ▼ 按钮，在弹出的快捷菜单中，单击【字体】菜单项，弹出【字体】对话框，如图 1-31 所示。

　　④ 在【字体】选项卡中，选择【字号】为"小四"。单击 确定 按钮，返回【更改样式】对话框。

　　⑤ 单击 格式(O) ▼ 按钮，在弹出的快捷菜单中，单击【段落】菜单项，弹出【段落】对话框，如图 1-32 所示。

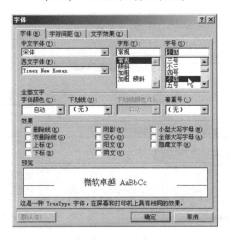

图 1-31 【字体】对话框

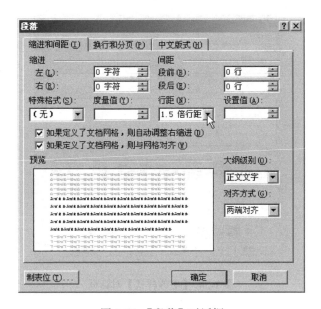

图 1-32 【段落】对话框

⑥ 在【缩进和间距】选项卡中，将【行距】改为"1.5 倍行距"。单击 <u>　确定　</u> 按钮，返回【更改样式】对话框。

至此正文样式修改完毕，但还不能就此退出，还得指定快捷键以方便正文样式的使用。

⑦ 单击 <u>快捷键(K)...</u> 按钮，弹出【自定义键盘】对话框，如图 1-33 所示。

这里有个【将修改保存在】选项，默认是将指定的快捷键保存在 Normal 模板中，今后用 Normal 模板打开的所有文件都可以使用这个快捷键，也可以将快捷键只保存在当前文件中，使之仅在当前文件中有效。

⑧ 在【请按新快捷键】输入框中按 [Alt] + [T] 键，单击 <u>　指定(A)　</u> 按钮，单击 <u>　关闭　</u> 按钮返回【更改样式】对话框，如图 1-34 所示。

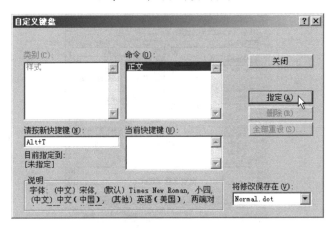

图 1-33 【自定义键盘】对话框

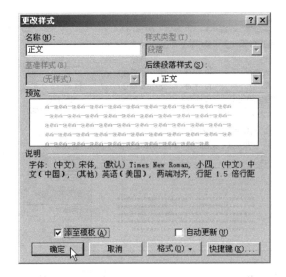

图 1-34 【更改样式】对话框

⑨ 选中【添至模板】复选框，单击 $\boxed{\text{确定}}$ 按钮关闭【更改样式】对话框。

⑩ 单击 $\boxed{\text{关闭}}$ 按钮完成样式修改。

至此我们修改了正文样式，字体为宋体，字号为小四，行距为 1.5 倍，英文为 Times New Roman。键入几行汉字/英文试试看，一定是我们定义的样子。如果不是也没关系，可以试试 $\boxed{\text{Alt}}$ + $\boxed{\text{T}}$ 键，保证让它一键定型。

有了正文样式，再定义正文缩进样式就方便多了，只要在正文样式的基础上，将段落首行左侧缩进两个字即可。

（2）设置正文缩进样式

① 执行【格式】/【样式】菜单命令，弹出【样式】对话框。

正文缩进样式尚不存在，因此需要新建一个。

② 单击 $\boxed{\text{新建(N)...}}$ 按钮，弹出【新建样式】对话框，如图 1-35 所示。

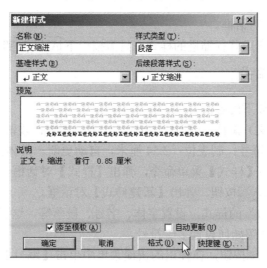

图 1-35　【新建样式】对话框

③ 在【名称】输入框中输入"正文缩进",【基准样式】为"正文",【样式类型】使用默认的"段落",【后续段落样式】选"正文缩进"。

由于正文缩进样式使用得比较多,因此各种样式的【后续段落样式】多选用"正文缩进"。

④ 单击 格式(O) ▼ 按钮,在弹出的快捷菜单中单击【段落】菜单项,出现【段落】对话框,如图 1-36 所示。

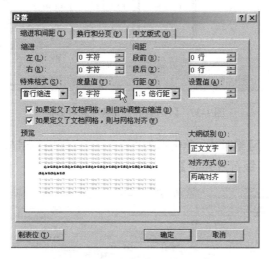

图 1-36　【段落】对话框

⑤ 在【缩进和间距】选项卡的【特殊格式】项中选择"首行缩进",【度量值】选择"2 字符",单击 确定 按钮返回【新建样式】对话框。

接下来就要指定新建样式的快捷键了。

⑥ 按照上面所述方法给新建的正文缩进样式指定快捷键 Alt + V,并添加至 Normal 模板。

⑦ 关闭【样式】对话框。

今后若想让某段变成首行缩进的样式，只需按一下 Alt + V 键即可。

1.4.4　设置标题样式

标题 1 样式包含如下内容：

正文+字体：（中文）黑体，（默认）Arial，二号，居中；段落间距；段前 48 磅，段后 30 磅；1 级，多级符号；制表位：2.54 厘米，自动更新。具体操作步骤如下：

① 执行【格式】/【样式】菜单命令，弹出【样式】对话框。

② 单击 新建(N)... 按钮，弹出【新建样式】对话框。

新建名为"标题 1"的样式，设置字体、字号、段落等，这里就不详述了（参见第 1.4.3 节内容）。下面介绍如何设置多级符号。

③ 单击 格式(O)▼ 按钮，在弹出的快捷菜单中单击【编号】菜单项，出现【项目符号和编号】对话框，如图 1-37 所示。

图 1-37　【项目符号和编号】对话框

④ 单击【多级符号】选项卡，单击形如"第 1 章"之类的编号模式，单击 自定义(T)... 按钮，弹出【自定义多级符号列表】对话框，如图 1-38 所示。

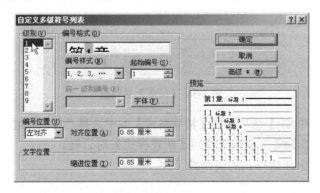

图 1-38　【自定义多级符号列表】对话框

【编号格式】编辑框中的灰色数字"1"是不可以直接修改的，但可以在【起始编号】处修改。【起始编号】通常从"1"开始。"第"和"章"可以任意修改，比方"章"可以改成"回"。由于是 1 级标题，因此【级别】选项一定要选"1"。

⑤ 选定【级别】为"1"，起始编号为"1"，单击 确定 按钮返回【新建样式】对话框。

⑥ 给"标题 1"样式指定快捷键为 Alt + 1 ，返回【新建样式】对话框。

⑦ 选中【添至模板】和【自动更新】两个复选框，单击 确定 按钮返回【样式】对话框。

⑧ 单击 关闭 按钮完成标题 1 样式的设置。

读者可参照设置"标题 1"样式的方法设置"标题 2"样式和"标题 3"样式，并指定标题 2 样式的快捷键为 Alt + 2 ，标题 3 样式的快捷键为 Alt + 3 。标题 2 和标题 3 样式的内容如下。

标题 2　正文+字体：（中文）黑体，（默认）Arial，三号；缩进：悬挂 1.1 厘米，左对齐；段落间距： 段前 6 磅，段后 4 磅；孤行控制：与下段同页，2 级，多级符号；制表位：1.1 厘米，1.68 厘米，2 厘米，自动更新。

标题 3　正文+字体：（中文）黑体，（默认）Arial，四号；缩进：悬挂 1.5 厘米，左对齐；段落间距：段前 4 磅，段后 4 磅；孤行控制：与下段同页，3 级，多级符号；制表位：1.5 厘米，1.89 厘米，2.17 厘米，2.45 厘米，自动更新。

和标题 1 样式相比，这里又有几项新东西，如"孤行控制"、"与下段同页"等。

- 使用孤行控制可以防止在 Word 文档中出现孤行。所谓孤行是指单独打印在一页顶部的某段落的最后一行，或者是单独打印在一页底部的某段落的第一行。"孤行控制"选项在【段落】/【换行和分页】选项卡中。

- "与下段同页"可以防止在所选段落与后面一段之间出现分页，这项功能比较好理解，例如图和图题总是要在一起的，不可分别放置在不同页面上。"与下段同页"选项在【段落】/【换行和分页】选项卡中。

- "制表位"用来控制按下 Tab 键后光标跳动的距离，这里给出多个距离，表明每次按键跳动的距离不同。"制表位"可在【制表位】对话框中设置。

1.4.5　其他样式

其他样式内容列在下面，读者可以逐一设置完成。

- 表头（快捷键 Alt + 5 ）　正文+字体：（中文）黑体，（默认）Arial，五号；缩进：左 2 字符，段落间距（段前 4 磅，段后 3 磅）；制表位：7.12 厘米，居中。

- 插图（快捷键 Alt + G ）　正文+居中，与下段同页。

- 图注（快捷键 Alt + I ）　正文（首行缩进两字）+字体：五号；缩进：悬挂 0.74 厘米，居中，多级符号。

- 页眉　正文+字体：五号，居中；边框：底端（单实线，自动设置，0.75 磅行宽）；边框间距　1 磅；制表位：7.32 厘米，居中，14.65 厘米，右对齐。

- 页脚　正文+字体：五号，左对齐；制表位：7.32 厘米，居中，14.65 厘米，右对齐。

1.4.6　样式快捷键

样式快捷键是可以任意指定的，但最好避开 Word 默认的快捷键。读者不妨依照本书所讲快捷键进行设置。表 1-9 给出这些快捷键的汇总。

表 1-9　样式快捷键

样　　式	快　捷　键	样　　式	快　捷　键
标题 1	Alt+1	插图	Alt+G
标题 2	Alt+2	图注	Alt+I
标题 3	Alt+3	正文	Alt+T
表头	Alt+5	正文缩进	Alt+V

1.5　使用宏

宏是一段用 VBA（Visual Basic for Application）记录的操作过程，目的是让用户文档中的一些操作自动化。大量重复操作用宏来完成会显著提高效率。比方文中有许多图，希望它们都缩小到原来的 60%，这项操作就可以用宏来进行。

Word 提供了两种创建宏的方法：用宏录制器录制宏和用 Visual Basic 编辑器编辑宏。宏录制器可帮助你创建宏，并把你的操作录制为一系列 VBA 命令。编程高手们则可以直接用 Visual Basic 编辑器创建包括 Visual Basic 指令的非常灵活和强有力的宏。前一种方法很容易掌握，即使不懂 VBA 的人也可以创建和使用宏，我们将重点讲解这种方法。

1.5.1　录制宏

化学化工工作者往往需要在文档中大量使用插图，插图必须调整为固定比例才显得规范。本例将录制宏并制定快捷键，达到按照固定比例快速缩放插图的目的。

录制宏的操作步骤如下：

① 单击选中要处理的插图。

② 执行【工具】/【宏】/【录制新宏】菜单命令，弹出【录制宏】对话框，如图 1-39 所示。

- 【宏名】　输入宏的名字。宏名应言简意赅，可以用汉字作宏名。
- 【将宏指定到】　这里有两个按钮，可将宏指定到工具栏，也可以指定到键盘，这样使用起来就方便了。
- 【将宏保存在】　选择要保存宏的模板或文档。默认使用 Normal 模板，这样以后所有文档都可以使用这个宏。如果只想把宏应用于某个文档或某个模板，应单击下拉按钮选择该文档或模板。
- 【说明】　输入对宏的说明，这样以后可以清楚该宏的作用。

③ 在【宏名】编辑框中输入"处理插图"。

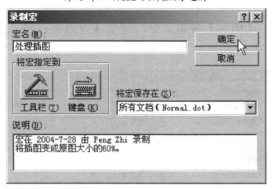

图 1-39　【录制宏】对话框

④ 在【说明】编辑框中输入"将插图变成原图大小的 60%"。

本例中，我们要把宏指定为键盘快捷方式。

⑤ 单击 按钮，弹出【自定义键盘】对话框，如图 1-40 所示。

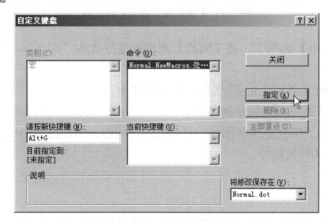

图 1-40　【自定义键盘】对话框

⑥ 在【请按新快捷键】对话框中输入快捷键"Alt+G"，单击 指定(A) 按钮将 "Alt+G"指定为当前快捷键。

⑦ 单击 关闭 按钮关闭【自定义键盘】对话框，弹出【停止】工具栏，鼠标带有盒式录音磁带的箭头，Word 进入录制宏的状态，如图 1-41 所示。

图 1-41　【停止】工具栏

【停止】工具栏上有两个按钮：停止录制按钮 ■ 和暂停录制按钮 Ⅱ●。录制过程中，如果有一些操作不想包含到宏中，可单击 Ⅱ● 按钮暂停录制，此时该按钮变成恢复录制按钮 Ⅱ●，再次单击可以恢复宏的录制过程。

在录制宏的过程中，鼠标右键是不好用的，可以使用菜单命令操作。

⑧ 执行【格式】/【图片】菜单命令，弹出【设置图片格式】对话框，如图 1-42 所示。

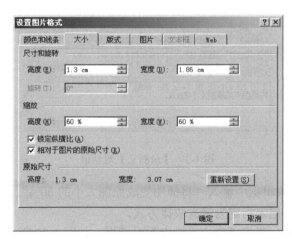

图 1-42 【设置图片格式】对话框

⑨ 单击【大小】选项卡，将【缩放】高度和宽度改为"60%"，单击 确定 按钮。

⑩ 单击 Word 工具栏上的 居中按钮使图居中。

⑪ 单击 ■ 按钮完成宏的录制过程。

至此大功告成。下次处理插图时，只要选中该插图，然后按 Alt+G 键就能使该插图变成原来大小的 60% 且居中。

1.5.2　编辑宏

对于简单的重复操作过程，直接用录制宏就能很好地应付。如果操作过程比较复杂，就需要对初步录制到的宏进行编辑和修改，使之适用不同的情况。比方用来处理表格的宏，要定义表格的字形、字号、对齐方式、表格线粗细等，录制过程是针对某个具体表格进行的，而实际应用过程则需要面对行和列各不相同的表格，这些变数是无法录制出来的，只能通过编程处理。

录制到手的宏其实是一段 VBA 子程序。懂些 BASIC 语言编程的人都能看懂并依样修改它，懂些 VB 编程的人更容易掌握它。本小节不打算就编辑宏展开讨论，感兴趣的读者可参考 VBA 相关书籍。编辑宏可以用两种方法，可以首先录制一个空宏（没有任何操作就停止宏录制），然后编辑之，也可以直接用宏编辑器编辑宏。这里我们直接编辑一个非常实用的小程序：打印当前页。

打印当前页是经常会遇到的操作，通常可执行【文件】/【打印】菜单命令打开【打印】对话框，在【页面范围】中选择【当前页】单选项，单击 确定 按钮开始打印。这样做不仅麻烦，而且一不小心就会把文档全部内容打印出来。现在我们编辑一个简单的宏来解决这个问题。

编辑打印当前页宏的操作步骤如下：

① 执行【工具】/【宏】/【宏】菜单命令，弹出【宏】对话框，如图 1-43 所示。

图 1-43　【宏】对话框

② 在【宏名】编辑框输入"打印当前页"，单击　编辑(E)　按钮，弹出宏编辑器【Microsoft Visual Basic - Normal】，如图 1-44 所示。

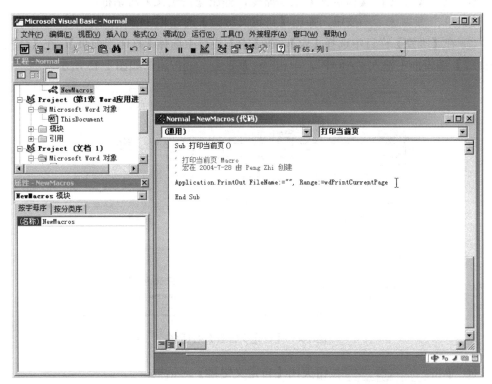

图 1-44　宏编辑器

宏编辑器分为左右两部分，在右侧【Normal-NewMacros（代码）】窗口里显示的就是宏内容。刚刚创建的宏是空的，包括如下几行字：

```
Sub 打印当前页()
' 打印当前页 Macro
' 宏在 2004-7-28 由 Peng Zhi 创建

End Sub
```

Sub 后面是程序名"打印当前页"。Sub 和 End Sub 语句之间是程序语句，以单撇号开头的语句是注释语句，不执行。由于是刚刚创建的宏，其中还没有可执行语句。

③ 在 End Sub 语句之前，增加如下一行程序"Application.PrintOut FileName:="",
Range:=wdPrintCurrentPage"，如图 1-44 所示。

④ 存盘，关闭宏编辑器。

至此编辑宏的工作就做完了，打印当前页的宏就是这么简单。下面将介绍如何给它指定快捷键。

1.5.3 设置快捷键

如果要给宏（Word 命令、样式等操作也类似）指定快捷键，可按如下步骤进行。

① 执行【工具】/【自定义】菜单命令，弹出【自定义】对话框。

② 单击 键盘(K)... 按钮，弹出【自定义键盘】对话框。

③ 在【类别】栏目中选择【宏】，在【宏】栏目中选择【打印当前页】，在【请按新快捷键】编辑框中输入"Alt+P"，单击 指定(A) 按钮，如图 1-45 所示。

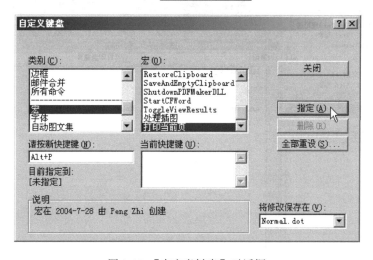

图 1-45 【自定义键盘】对话框

④ 单击 关闭 按钮关闭【自定义键盘】对话框。

⑤ 单击 关闭 按钮关闭【自定义】对话框。

今后若想打印当前页，只要将光标停留在当前页，按 Alt+P 键就可以了，既快捷又不会打错。

1.6 模板

精心安排了样式，认真录制了宏，总算记住了快捷键之后，这份劳动成果就需要好好保留下来，下次写文章时就不必重复劳动了，包含所有这一切的东西就是模板。

模板是一种只读文档，其扩展名为".dot"。 Word 中的任何文档都是在一定的模板上建立的，模板决定了文档的基本结构和文档设置等特征。

Word 模板分为共用模板和文档模板两种基本类型。共用模板"normal.dot"所含设置适用于所有文档，而文档模板所含设置仅适用于基于该模板而创建的文档。

1.6.1 保存模板

"Normal.dot"是公用模板，是其他一切模板的基础，最好保持其原始形态，不要更改。用户在自己的文档中新创建的样式、宏和快捷键等仅能在该文档中使用，若要用于其他场合，可将该文档保存为模板。

另存为模板的操作步骤如下：

① 打开用户文档（其中有新创建的样式、宏和快捷键等）。

② 删除全部文本内容。

③ 执行【文件】/【另存为】菜单命令，弹出【另存为】对话框。

④ 在【保存类型】下拉菜单中选择【文档模板（*.dot）】选项。

⑤ 在【文件名】编辑框输入"硕士论文模板.dot"，如图 1-46 所示。

图 1-46　另存为模板文件

⑥ 单击 保存(S) 按钮。

至此我们保存了自己设定过的模板，文件名为"硕士论文模板.dot"。有时我们需要将模板存盘保存，也可能需要将模板拷贝给其他人使用，因此需要知道模板的存放位置。

1.6.2 模板的存放地点

模板的存放路径通常为：

① Windows 2000 操作系统

C:\Documents and Settings\Administrator\Application Data\Microsoft\Templates
或 C:\Documents and Settings\用户名\Application Data\Microsoft\Templates

② Windows 98 操作系统

C:\Windows\Application Data\Microsoft\Templates
或 C:\Windows\Profiles\用户名\Application Data\Microsoft\Templates

1.6.3 使用模板

任何文档都是基于特定模板而创建的。如果创建文档时用户没有指定模板，则 Word 2000 将基于默认模板"normal.dot"创建文档。单击 Word 工具栏上的 □（新建空白文档）按钮所建立的也是基于"normal.dot"模板的文档。要建立基于特定模板的文档，需要用菜单命令。

（1）基于特定模板新建文档

① 打开 Word。

② 执行【文件】/【新建】菜单命令，打开【新建】对话框，单击【常用】选项卡，如图 1-47 所示。

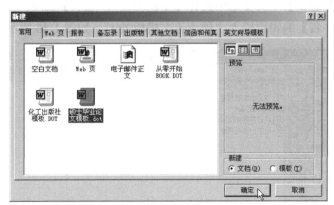

图 1-47　基于特定模板新建文档

【常用】选项卡中各图标代表不同的模板。其中"空白文档"代表的就是由 Normal 模板建立的文档。我们在前面存入的"硕士毕业论文模板"也在其中。

③ 单击选中"硕士毕业论文模板.dot"。

④ 单击 确定 按钮完成基于"硕士毕业论文模板.dot"新建空文档。

基于特定模板新建文档，其中就会包括先前定义的样式、宏、快捷键等内容，不必用户重复劳动了。因此规划一个好的模板是十分重要的，也值得为此付出努力。

（2）加载模板

有时我们会对模板做一些修改，或者希望使用其他模板中的设置，此时可以加载所需的模板到文档中。

① 执行【工具】/【模板和加载项】菜单命令，出现如图 1-48 所示的【模板和加载项】对话框。

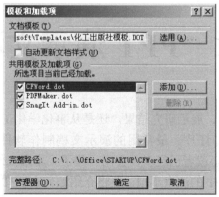

图 1-48　【模板和加载项】对话框

这里有必要做如下两点说明：

- 【文档模板】选择框：单击 选用(A)... 按钮可以选择打算加载的模板。这里的例子是加载"化工出版社模板.DOT"到文档中，"化工出版社模板"中的样式、宏、快捷键等设置就会替代先前"硕士毕业论文模板.dot"中定义的相同的设置。
- 【自动更新文档样式】复选框：选中此项，则新加载模板中的样式会自动取代旧设置，否则用户得逐一重新设定样式。通常加载模板时会选中它，但模板加载后，还得再次打开【模板和加载项】对话框，并将【自动更新文档样式】复选框清除，单击 确定 按钮完成操作。这种看似重复的操作其实很重要。模板中往往会有项目编号，如果加载后不去除【自动更新文档样式】复选框，则每次打开文档时项目编号都会自动更新为模板指定的编号，比如模板的"标题 1 样式"是以"第 1 章"编号建立的，则文档编号总是"第 1 章"。

② 单击 选用(A)... 按钮，弹出选用模板对话框，选用"化工出版社模板.DOT"。

③ 选中【自动更新文档样式】复选框。

④ 单击 确定 按钮完成模板加载。

⑤ 再次打开【模板和加载项】对话框。

⑥ 将【自动更新文档样式】复选框清除，单击 确定 按钮完成操作。

自动套用样式后文档应根据需求重新编号，重新编号时只需要修改"标题 1"的编号，其他标题的编号会自动做相应修改。

1.7　小结

本章我们介绍了 Word 中常见问题，讲解了插入图片的方法以及图片属性的设置等内容。在公式编辑器一节，对其做了比较详细的介绍，并给出了常用的快捷键。本章后半部分是样式、宏和模板方面的内容，这些内容相对复杂些，但绝对值得掌握，它们会帮助读者高效率地编辑出相当专业的文本。

第 2 章　PPT 演示文稿制作

无论是进行学术交流、展示研究结果，还是从事化学化工方面的教学工作，都需要将演讲内容制作成投影幻灯片。最常用的演示文稿制作软件当数 Office 组件之一的 Powerpoint，即 PPT，想必读者已经多少会用一些了。本章我们首先简介 PPT 的制作方法，之后介绍些制作 PPT 的注意事项，还将介绍如何在 PPT 中使用音频、视频信息等技巧，最后介绍如何发布 PPT 演示文稿。

2.1　基本操作

本节将首先简介 PPT 的基本概念，之后以"纳米材料简介"为题制作一组幻灯片，并介绍制作幻灯片时的常见注意事项。

2.1.1　基本概念

PPT 演示文稿由幻灯片、大纲、讲义和备注页组成。每一个幻灯片都是由对象以及对象布置的版式组成。对象与版式是幻灯片的核心部分。

- 对象：对象是 PPT 幻灯片的重要组成部分。文字、图表、结构图、图形单元、Word 表格以及其他任何可插入的元素都叫做对象。
- 版式：版式就是对象的布局。PPT 提供 20 多种自动版式，可套用其中一种。PPT 为每一种自动版式都提供了相应的占位符，单击这些占位符可输入文字、图或表。幻灯片外观由母版、配色方案和模板来控制。
- 母版：母版包含了每一个页面所需显示的元素。
- 配色方案：配色方案是一组可用于演示文稿的预设颜色。
- 模板：模板是一个已保存的演示文稿，包含预定义的文字格式、颜色以及图形元素。模板包括两种形式：设计模板和内容模板。
- 演示文稿的表现形式：幻灯片、大纲、讲义、备注页和放映等状态，相应由幻灯片视图、大纲视图、讲义视图、备注页视图和放映视图来表现。

2.1.2　制作第一张幻灯片

① 启动 Powerpoint，首先弹出【新建演示文稿】对话框，如图 2-1 所示。

这里有 3 个单选项，分别是【内容提示向导】、【设计模板】和【空演示文稿】。使用前两个单选项建立演示文稿的方法可以得到演示文稿框架。Powerpoint 提供了许多种演示文稿类型可供选择，但多数都是为商业目的服务的，比方【企业】、【销售/市场】等。

这些千篇一律的演示文稿框架可能适合市场营销活动，但并不适合讲解化学化工研究成果或在课堂上使用，因此不如从头来，完全按照自己的思路制作幻灯片。

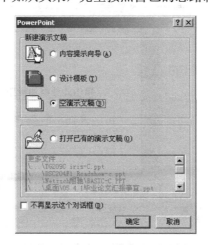

图 2-1　新建演示文稿

② 单击【空演示文稿】单选项，单击 确定 按钮，弹出【新幻灯片】对话框，如图 2-2 所示。

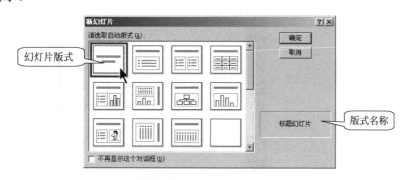

图 2-2　【新幻灯片】对话框

PowerPoint 提供了多种幻灯片版式可供选择，如【标题幻灯片】、【项目清单】、【两栏文本】等。第一张幻灯片自然要用【标题幻灯片】版式。

③ 单击【标题幻灯片】版式，单击 确定 按钮，出现第一张幻灯片，即【标题幻灯片】，如图 2-3 所示。

【标题幻灯片】版式上有两个以虚线矩形表示的占位符，单击之可输入文字。

④ 单击【单击此处添加标题】占位符，输入"纳米材料简介"。

⑤ 单击【单击此处添加副标题】占位符，输入作者姓名。结果如图 2-4 所示。

第一张幻灯片做好了，现在制作第二张幻灯片。

2.1.3　添加新幻灯片

① 接上一小节的操作，单击工具栏上的 🖳【新幻灯片】按钮或执行【插入】/【新

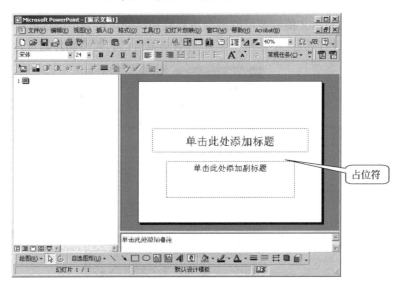

图 2-3 【标题幻灯片】及占位符

图 2-4 输入作者姓名

幻灯片】菜单命令，弹出【新幻灯片】对话框，插入【项目清单】版式的幻灯片。

　　② 输入"内容提要"作为本张幻灯片的标题，在标题下面的占位符中，依次输入各项内容提要，如图 2-5 所示。

2.1.4 添加图片

　　能够很方便地展示图表，是 PPT 的一个重要优势。下面我们制作一张文字和图片混合的幻灯片。

　　① 接上一小节的操作，插入一张新幻灯片，版式为【文本在对象之上】。

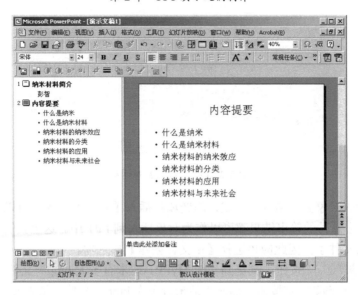

图 2-5　添加"内容提要"幻灯片

② 输入"什么是纳米？"作为本张幻灯片的标题，在标题下面的文字占位符中，输入纳米的定义等内容，如图 2-6 所示。

图 2-6　输入题目及说明文字

下面我们插入一张图片，形象地说明 1 纳米到底有多大。这里假定"纳米有多大.bmp"图片文件已经存放在"D:\MyPPT"文件夹中。

③ 双击添加对象占位符中的【双击此处添加对象】图标，弹出【输入对象】对话框，单击【由文件创建】单选项，如图 2-7 所示。

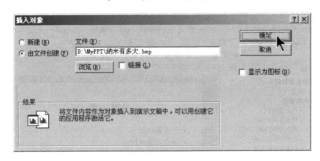

图 2-7 【插入对象】对话框

打开【插入对象】对话框后，默认的选项是插入【新建】对象。可以插入的对象种类非常多，许多软件的输出结果都可以作为对象插入到 PPT 中。这里我们需要插入的对象已经保存为文件了，因此应该选择【由文件创建】单选项。

④ 单击 浏览(B)... 按钮，浏览到 "D:\MyPPT\纳米有多大.bmp" 文件。

⑤ 单击 确定 按钮，插入 "纳米有多大.bmp" 文件，结果如图 2-8 所示。

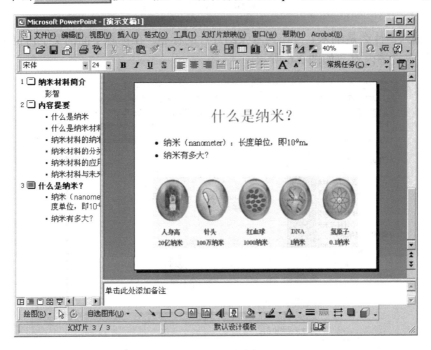

图 2-8 插入图片

如果幻灯片版式中没有添加对象占位符，也可以插入图片对象，插入方法和在 Word 中的作法类似。执行【插入】/【图片】/【来自文件】菜单命令插入图片文件。这种情况下，图片会自动放置在幻灯片的中央，用户可以通过后续调整确定图片的大小和摆放位置。

2.1.5 添加表格

在下面的幻灯片中，我们需要插入一个 3 列 4 行的表格。

① 接上一小节的操作，插入一张新幻灯片，版式为【表格】。

② 输入"表面效应"作为本张幻灯片的标题，在标题下面的占位符中，双击【双击此处添加对象】图标，弹出【插入表格】对话框，如图 2-9 所示。

图 2-9　【插入表格】对话框

③ 将列数选定为"3"，将行数选定为"4"，单击 确定 按钮插入一个 3 列 4 行的表格。

④ 在表格中输入相应文字。

⑤ 选中表格所有单元，出现【表格和边框】工具栏，单击 ▤【垂直居中】按钮，将表格内容垂直居中，如图 2-10 所示。

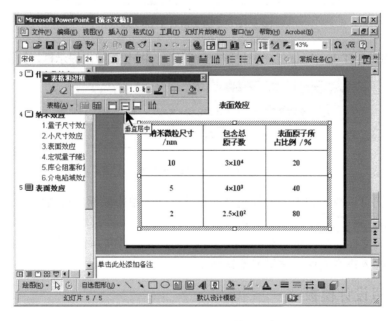

图 2-10　插入表格

单击工具栏上的 ▦ 按钮，直接用鼠标选择表格的行数、列数，也可完成插入表格的操作。

2.1.6　添加视频、音频

PPT 中既可以添加 Windows 自带剪辑库中的媒体文件，也可以添加来自外部的媒体文件。在下一张幻灯片中，我们需要添加一段来自外部的视频文件，来形象地模拟单壁碳纳米管弯曲时的受力情况。假定视频文件名为"SWCNT_bend.mpg"，且已经存放在"D:\MyPPT"文件夹中。

① 插入一张新幻灯片，题目为【单壁碳纳米管弯曲】。

② 执行【插入】/【影片和声音】/【文件中的影片】菜单命令，弹出【插入影片】对话框，如图2-11所示。

图2-11　【插入影片】对话框

单击"SWCNT_bend.mpg"，单击 确定 按钮，弹出提示框，如图2-12所示。

图2-12　自动播放提示

这里我们可以决定插入的影片是立即播放，还是单击鼠标后再播放。

③ 单击 是(Y) 按钮，确认立即播放影片。

插入音频文件的过程与之类似。执行【插入】/【影片和声音】/【文件中的声音】菜单命令即可插入声音文件，这里就不详述了。

2.1.7　应用设计模板

至此我们已完成幻灯片基本内容的制作，其中包括文字、图、表、媒体等。下面该包装一下了，给幻灯片一个良好的外观。

① 执行【格式】/【应用设计模板】菜单命令，弹出【应用设计模板】对话框，如图2-13所示。

Powerpoint 给出的设计模板有很多种，应尽量选用背景为浅色的、空白区域较大的模板，这样即投影清晰，又便于调整、安排占位符。

② 单击选中"Blends.pot"，单击 应用(P) 按钮。将设计模板添加至演示

图 2-13　弹出【应用设计模板】对话框

文稿。

虽然应用同一个设计模板，但设计模板在标题幻灯片和后续的幻灯片中的表现形式略有差异，请读者注意。

2.1.8　设置动画效果

动画效果包括两类，既可以给幻灯片中的各种对象设计动画效果，也可以给幻灯片之间的切换行为设计动画效果。

（1）幻灯片内对象的动画设计

首先设置幻灯片内对象的切入方式、伴随的声音以及时间控制等综合动画效果。

① 在占位符上单击右键，弹出快捷菜单，单击【自定义动画】菜单项，弹出【自定义动画】对话框，如图 2-14 所示。

图 2-14　【自定义动画】对话框

【检查动画幻灯片对象】选项框中列有本页幻灯片中所有的对象，在对象名前面的小方框中打勾，即可设置该对象的动画效果。其下有 4 个选项卡，默认打开的是【效果】

选项卡，其中的【动画和声音】默认选项为【不使用效果】。

② 选中【文本2】对象。

③ 设置该对象【效果】为"飞入"幻灯片中，其他选项默认。

设置的动画效果如何，可以单击 预览(P) 按钮预览一下，感觉效果满意再进行下面的工作。

当给两个或两个以上的对象设置动画后，就会涉及动画播放顺序问题。此时可打开【顺序和时间】选项卡设置动画的播放顺序和时间。灵活运用动画效果、播放顺序和时间，可以制作出一些较为特殊的动画效果，在后面的第 2.2.4 节"布朗运动动画"中会涉及这方面内容，这里就不详述了。

④ 单击 确定 按钮完成对象的动画设计。

选中所要设置的对象后，执行【幻灯片放映】/【预设动画】菜单命令，也可以在打开的子菜单中设定对象的动画效果。

（2）幻灯片之间切换

① 执行【幻灯片放映】/【幻灯片切换】菜单命令，弹出【幻灯片切换】对话框，如图 2-15 所示。

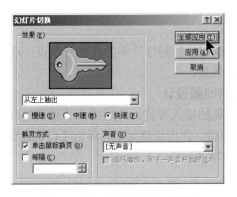

图 2-15 【幻灯片切换】对话框

② 单击【效果】选项区中的 ▼ 下拉按钮，设置幻灯片切换方法为【从左上抽出】，单击 全部应用(T) 按钮，将切换动画应用于每一张幻灯片。

如果单击 应用(A) 按钮，则设置的切换动画仅对当前幻灯片有效。在【幻灯片切换】对话框中还可以设置切换时所伴随的声音。

2.1.9 更换幻灯片版式

有时我们会发现某张幻灯片所选用的版式不合适，应该使用其他版式。遇到这种情况也不必一切从头再来，只需进行如下操作。

① 执行【格式】/【幻灯片版式】菜单命令，弹出【幻灯片版式】对话框，如图 2-16 所示。

② 单击打算更换的幻灯片版式。

③ 单击 重新应用(A) 按钮，完成版式更换。

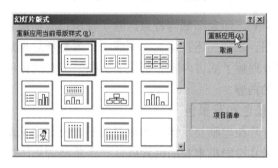

图 2-16 【幻灯片版式】对话框

2.1.10 添加、删除占位符

如果发现所选版式提供的占位符不够用，可以随时添加占位符。执行【插入】/【文本框】/【水平】（或【垂直】）菜单命令，可以插入水平（或垂直）的占位符。

如果发现占位符多出来了，则可单击该占位符的边框选中它，然后按 Del 键将其删除。

2.1.11 制作幻灯片的注意事项

幻灯片的制作和演示过程有一些事项必须注意。

（1）一张幻灯片只讲一个问题

这是制作过程的基本要求，能做到这一点意味着作者已经合理地分解了所要表述的内容，幻灯片的结构比较合理。这样做的好处有很多，可使重点突出，观众视觉注意力集中，版面设计也更有余地，可选用较大的字体，展示效果也会更好。

（2）内容要提纲挈领

许多人制作的幻灯片都源于原稿，如毕业论文等。于是有人就将原稿内容逐一复制到幻灯片中，导致幻灯片上出现密密麻麻的文字。在演讲过程中大部分时间对着幻灯片念念有词，在客观上冷落了观众，令观众抓不住演讲重点，演讲效果很不好。

建议一张幻灯片只展示 8～10 行文字。应使用关键字表示本张幻灯内容的层次，不必使用完整句子。结论性的内容可另放一栏，使层次分明。这样观众可以迅速抓住要点，形成深刻印象。

（3）给每张幻灯片加标题

这样做的好处有很多。首先观众可一目了然地见到本张的要点，帮助观众把握该幻灯片的核心内容。有标题还便于设置超链接，不至于前前后后地翻动找不到合适的幻灯片。此外，用超链接在幻灯片间进行跳转时，若每张幻灯片都有标题就比较容易实现。

有人不知道标题有何用，于是就把标题框删除了，结果做出的幻灯片都没有标题。如果碰到这种情况，可以在左侧的【大纲/幻灯片浏览】窗格中逐一给幻灯片添加上标题。

（4）大量使用图表

PPT 的一个重要优势就是能很方便地展示图表。这类内容在黑板上表达就很困难。如果所做的幻灯片中无图无表，那么 PPT 的优势就会大打折扣。

图表具有直观、明确、印象深刻等特点。除了使用已有的图表外，还可以考虑把大段的说明文字简练成图、表来描述。将文字变成图、表是信息再加工过程，能做到这一点说明演讲者已经充分理解了演讲内容。制作示意图的工具软件可选用 Visio，本书第 5 章将重点讲解这方面的内容。

（5）合理使用前景色和背景色

不少人制作的幻灯片在电脑显示器上播放挺清楚，投影出来却很不清晰。出现这种情况除了有文字大小以及投影机本身的因素外，一个重要的原因可能就出在背景和前景颜色的选择上。

要投影清楚，首先文字要足够大，字号一般应不小于 20 号字，如选用 24 号字，最好使用粗体字。

其次，文字和背景的颜色搭配要合理，要以醒目为主。向白色的银幕上投影，应使用浅色背景（如应用设计模板 Blends.pot）和深色字符（如粗体蓝色）。例如可以用白色背景/粗体、暗红标题/粗体、蓝色正文，尽量不要用黄颜色字符，浅黄色更不能使用。遵循这个原则就能收到较好的投影效果。如果实在想用浅色字符（如白色），那么可以将整个背景用蓝色（如应用设计模板 Soaring.pot）覆盖。

反之，如果制作的 PPT 仅在电脑上展示，那么可以用深色背景和浅色字符，只有这样才更加醒目，因为电脑屏幕是黑色的。看到这里读者就能明白为什么电脑上清清楚楚的文字的投影效果却不好。

（6）控制演讲节奏

信息受众要接纳新信息，需要有一个辨认、思考、理解的过程。由于 PPT 信息量可以做得很大，因此如果演讲节奏控制不好，会造成观众眼花缭乱，抓不住重点。放映速度可以平均一分钟一张，但不能搞平均主义，在讲解重要概念、难点和重点时要多花些时间。

（7）试讲

正式演讲前一定要试讲至少一次，以便进一步熟习演讲内容、发现问题和调整演讲节奏和时间，做到一切了然于胸。试讲时要尽量模拟现场情况，心态也要调整一下，适度兴奋起来，进入演讲角色。有了充分的试讲准备，这样在实际演讲时就不会因为纯粹技术问题影响演讲，也不会因为时间不够而不知所措了。

要想收到良好的演讲效果，这种彩排是十分必要的，应该引起演讲者的高度重视。

（8）提供演讲提纲

Powerpoint 有大纲模式，还可转化成 Word 文本，可考虑删繁就简，将大纲、难点、重点和知识框架复印出来，在演讲前分发给观众。

2.2　常用技巧

本节介绍一些常用的 PPT 制作技巧。灵活使用这些技巧，不仅可以提高演示文稿制作效率，还可以使演讲锦上添花，收到更好的效果。

2.2.1　菜单

幻灯片之间的跳转，可以使用超级链接来实现，这样就可以在幻灯片中实现菜单功能了。下面我们将图 2-5 中的"内容提要"（第 2 张幻灯片）变成菜单，这里仅示例其中的"纳米材料和纳米效应"一项。

① 在编辑状态下，单击第 2 张幻灯片。

② 选中"纳米材料和纳米效应"这几个字，在选中的文字上单击鼠标右键，弹出快捷菜单。

③ 单击快捷菜单中的【超级链接】菜单项，弹出【插入超级链接】对话框。

④ 单击左侧【链接到】窗格中的【本文档中的位置】按钮，如图 2-17 所示。

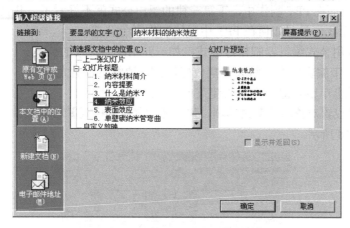

图 2-17　【插入超级链接】对话框

⑤ 在【请选择文档中的位置】窗格中，单击"4. 纳米效应"。

⑥ 单击　　确定　　按钮，完成超链接设置。

设置超链接之后，"纳米材料和纳米效应"这几个字会变成红色，且带有下划线，表明是超链接。有去就得有回，第 4 张幻灯片的内容讲完之后，还应该能跳回到第 2 张幻灯片，因此还需要在第 4 张幻灯片设置一个返回超链接。返回超链接可以是一段文字，如增加一个"返回"菜单项，也可以是一张图片。

⑦ 在编辑状态下，单击第 4 张幻灯片。

⑧ 执行【插入】/【图片】/【剪贴画】/【按钮与图标】菜单命令，插入一个箭头剪贴画。

⑨ 调整箭头的大小及位置。

⑩ 用前面所述的办法给箭头加上超链接，使之指向第 2 张幻灯片。

好了，现在放映一下试试，看看单击"纳米材料和纳米效应"这几个字时会不会直接跳转到第 4 张幻灯片，单击返回箭头是否又回到第 2 张幻灯片。

但至此问题还没有完全得到解决。有菜单的幻灯片在播放过程中，如果无意中点击了超链接以外的区域，PPT 就会自动播放下一张幻灯片，这会使得精心设计的菜单形同虚设。

其实，出现这种情况的原因很简单，在默认情况下，单击鼠标幻灯片就会进行切换。解决问题的办法很简单。

⑪ 在编辑状态下，单击第 2 张幻灯片。

⑫ 执行【幻灯片放映】/【幻灯片切换】菜单命令弹出【幻灯片切换】对话框。

⑬ 去掉【单击鼠标时】前面的"√"号，单击 应用(A) 按钮即可。

这样设置后的幻灯片只有在点击菜单栏相应的链接时才会出现切换动作。

可用同样的方法设置第 4 张幻灯片，保证幻灯片准确返回。

2.2.2 带颜色的公式

通常用公式编辑器得到的公式是黑白的。在 Word 中，公式的颜色不能改变并不是什么大问题，然而在 PPT 制作中，千篇一律的黑白公式就不好看了，并且投影出来也可能不清楚。下面我们学习如何在 PPT 中轻松制作彩色公式。

① 首先利用公式编辑器制作好公式，如一元二次方程根的公式。

② 返回 PPT 编辑状态，将公式摆放好位置，调整至合适大小。

③ 在公式上单击右键，弹出快捷菜单。

④ 单击【设置对象格式】菜单项，弹出【设置对象格式】对话框，单击【图片】选项卡，如图 2-18 所示。

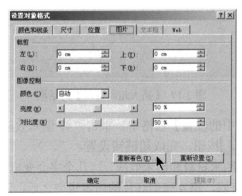

图 2-18 【设置对象格式】对话框

⑤ 单击 重新着色(E)... 按钮，弹出【图片重新着色】对话框，如图 2-19 所示。

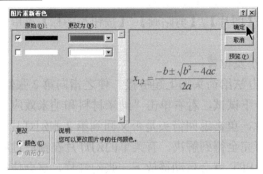

图 2-19 【图片重新着色】对话框

⑥　将图片颜色更改为蓝色。

⑦　单击 确定 按钮完成设置。可看到公式颜色由黑色变为蓝色了。

如果需要在 Word 中使用彩色公式，可先在 PPT 中做好，然后复制到 Word 中去。

2.2.3　图片的巧妙切换

有时我们需要比较多张图片，例如，将许多张扫描电镜图片放在一起比较，既希望能在同一张幻灯片中排列所有图片的缩略图，以便从整体上比较图片，同时还希望单击缩略图时能看到原始大小的图片，以便看清楚细节。那么如何在 PPT 中实现这种效果呢？

当然可以用超链接的办法实现，做法和前面讲到的菜单方法类似。首先用大图片制作出小图片插入主幻灯片中，然后将每张小图片都与一张空白幻灯片相链接，在空白幻灯片中插入相对应的大图片，这样单击小图片就可看到相应的大图片了。对大图片也需要进行同样设置，以便单击大幻灯片时能返回主幻灯片。这种思路虽然比较简单，但操作起来很繁琐，如果图片很多，就会造成幻灯片结构混乱，很容易出错，且难以修改。

较好的解决办法是在幻灯片中插入演示文稿对象。

①　插入一张新幻灯片。

②　执行【插入】/【对象】菜单命令，弹出【插入对象】窗口，如图 2-20 所示。

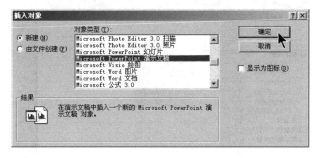

图 2-20　【插入对象】对话框

③　选择【新建】单选项，在【对象类型】栏中选择【Microsoft PowerPoint 演示文稿】，单击 确定 按钮。

这相当于 PPT 中又嵌入了一个 PPT 对象，在当前幻灯片中出现一个 PPT 演示文稿的编辑区域，如图 2-21 所示。

新插入的 PPT 对象有两个占位符，本例中我们用不到这些占位符，可以将它们删除掉。

④　执行【插入】/【图片】/【来自文件】菜单命令，将图片插入至 PPT 对象的编辑区。

⑤　调整图片大小，使之充满整个编辑区。

⑥　将鼠标在新插入 PPT 对象之外的区域单击一下，对象边框自动隐藏起来，显示出来的仅仅是一张"图片"。

图 2-21 　插入【Microsoft PowerPoint 演示文稿】对象

图 2-22 　插入一个 PPT 对象

⑦ 缩小该"图片"至合适大小，并放置在左上方位置，如图 2-22 所示。

⑧ 重复步骤 2~7，插入 3 个 PPT 对象，并分别插入其他 3 张图片，然后摆放到合适位置，如图 2-23 所示。

现在可以演示效果了。幻灯片放映过程中，单击小图片马上会放大，再单击放大的图片马上又返回到了主幻灯片中。

这种方法很有效，再多的图片也能轻松应付，PPT 作者再也不必为复杂的超链接搞得晕头转向了。

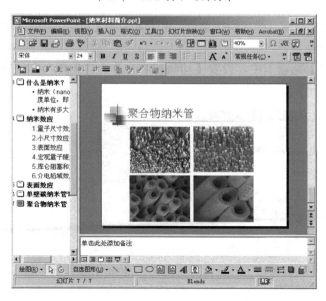

图 2-23 分别在各 PPT 对象中插入图片

2.2.4 制作布朗运动动画

使用动画可以帮助听众很好地理解化学、物理现象或器件、装置的工作原理。我们当然可以使用专业的动画制作软件，如 Flash 等制作动画。但如果动画过程不太复杂，那么用 PPT 做动画也是一个很好的选择。下面以布朗运动为例，用 PPT 模拟胶体溶液中胶体粒子的运动轨迹。

① 插入一张幻灯片，版式为空白。

② 在空白幻灯片上击右键，弹出快捷菜单，单击【背景】菜单项，弹出【背景】对话框，如图 2-24 所示。

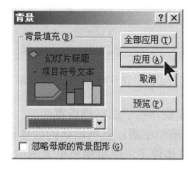

图 2-24 【背景】对话框

③ 选用蓝色背景，单击 应用(A) 按钮，空白幻灯片背景变成蓝色。

④ 用绘图工具栏中的 ⬭ 椭圆工具在幻灯片中心部位画一个大圆作为视野。

⑤ 用 ⬭ 椭圆工具在圆中画一个小圆作为胶体粒子。

⑥ 使用 填充颜色按钮给小圆填充上与大圆反差较大的颜色。

⑦ 在小圆上击右键，弹出快捷菜单，单击其中的【自定义动画】菜单项，弹出【自定义动画】对话框。

⑧ 在【效果】选项卡中，设置【动画和声音】为"闪烁"和"慢速"，如图 2-25 所示。

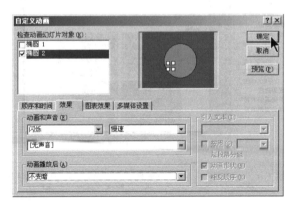

图 2-25 【自定义动画】对话框

⑨ 单击【顺序和时间】选项卡，设置【启动动画】选项为"在前一事件后 0 秒，自动启动"，如图 2-26 所示。

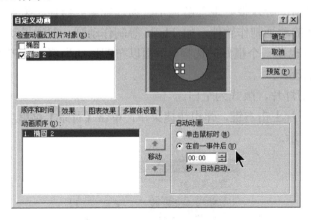

图 2-26 设置启动动画时间间隔

⑩ 单击 确定 按钮完成胶体粒子的动画设置。

⑪ 按住 Ctrl 键，用鼠标拖动小圆，复制出新的胶体粒子，并摆放到新位置。

⑫ 如此这般复制 30 个胶体粒子，随机摆放至大圆中。

播放一下看看效果。小圆圈在大圆圈中随机出现，就好像胶体颗粒的微布朗运动一样，一会儿被撞到这里，一会儿被撞到那里，效果很生动。

2.3 音频视频功能

充分利用 PPT 的音频视频功能，可以丰富表现手段，给观众提供更多信息。PPT 在这方面提供了许多功能，简介如下。

2.3.1　录音功能

幻灯片要有声有色，就得录音。如果不太喜欢使用 Windows 自备的"录音机"，又觉得下载其他录音软件太麻烦，那么就用 PPT 吧。

（1）录音

① 打开 PPT，创建一个新的演示文稿。

② 执行【插入】/【影片和声音】/【录制声音】菜单命令，打开【录音】对话框，如图 2-27 所示。

图 2-27　【录音】对话框

③ 单击 ● 按钮，就可以录音了。

④ 录制完成后，单击 确定 按钮结束。

这时幻灯片上会出现一个 对象。放映幻灯片时，单击该对象就能播放出声音。用这种方法可以长时间录音，时间长短仅受硬盘剩余空间的限制。

（2）分离声音

录制完的声音被包含在 PPT 中，如果打算把声音文件分离出来，可做如下操作。

① 执行【文件】/【另存为】菜单命令弹出【另存为】对话框，如图 2-28 所示。

图 2-28　【另存为】对话框

② 选择合适的保存位置，如"D:\MyPPT"文件夹。

③ 选择文件【保存类型】为"Web 页（*.htm; *.html）"。

④ 输入文件名"录音.htm"。单击 [保存(S)] 按钮将 PPT 保存为网页。

这样就得到一个名为"录音.htm"的 HTML 文件和一个"录音.files"文件夹，打开"录音.files"文件夹，我们想要的声音文件"sound001.wav"就在其中。

还有一种方法可以直接将录音存为"wav"格式的声音文件。

⑤ 执行【幻灯片放映】/【录制旁白】菜单命令，弹出【录制旁白】对话框，如图 2-29 所示。

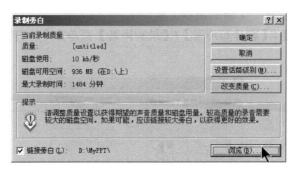

图 2-29 【录制旁白】对话框

⑥ 单击选中【链接旁白】复选框。

⑦ 单击 [浏览(B)...] 按钮，选择一个合适的文件夹存放声音文件，如"D:\MyPPT"文件夹。

⑧ 单击 [确定] 按钮开始放映录音。

⑨ 录制完成后会弹出提示框，如图 2-30 所示。

图 2-30 提示保存排练时间

⑩ 单击 [是(Y)] 按钮保存声音文件。

本例中，声音文件存放在"D:\MyPPT"文件夹中，名为"演示文稿 1256.WAV"。

本例中的录音是在幻灯片放映状态下进行的，而前面所讲的【插入】/【影片和声音】/【录制声音】菜单命令是在编辑状态下录音，这是两者的重要差异。

2.3.2 插入视频

在第 2.1.6 节中我们讲了直接插入视频文件的方法。这种方法对影片的控制比较简单，播放幻灯片时，将鼠标移动到视频窗口中单击一下，视频就暂停播放，再次单击鼠标，播放会继续进行。要更好地控制视频，可以采用插入控件的方法。

（1）插入控件播放视频

将视频文件作为控件插入到幻灯片中，通过修改控件属性达到控制视频播放的目的。用这种方法可以完全掌控播放进程，使得视频播放更加方便、灵活。适合图片、文字、视频在同一页面的情况。

① 新建一张幻灯片。

② 执行【视图】/【工具栏】/【控件工具箱】菜单命令，打开【控件工具箱】,如图 2-31 所示。

③ 单击 【其他控件】按钮，弹出选择控件的子窗口，如图 2-32 所示。

图 2-31　【控件工具箱】　　　　　　　图 2-32　选择控件子窗口

④ 单击【Windows Media Player】控件，鼠标变成十字形。

⑤ 按住鼠标左键在幻灯片中划出一个合适区域，该区域自动变成 Windows Media Player 的播放界面，如图 2-33 所示。

⑥ 在 Windows Media Player 的播放界面上单击鼠标右键，弹出快捷菜单，单击【属性】菜单项，弹出【属性】窗口，如图 2-34 所示。

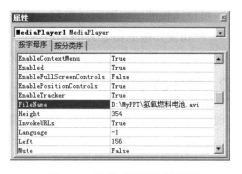

图 2-33　Windows Media Player 的播放界面　　　　图 2-34　控件【属性】设置窗口

⑦ 在【FileName】属性处输入视频文件的详细路径及文件名，如"D:\MyPPT\氢氧燃料电池.avi"。关闭属性窗口。

这样在播放幻灯片时，就能通过 Windows Media Player 的播放界面来控制视频了。

为了让插入的视频文件更好地与幻灯片组织在一起，还可以修改"属性"设置界面中的控制栏、播放滑块条以及视频属性栏的位置等属性。

（2）插入视频片断

如果需要逐段讲解较长的视频，可以按照下述方法再插入需要播放的视频片断。

① 新建一张需要插入视频文件的幻灯片。

② 执行【插入】/【对象】菜单命令，弹出【插入对象】对话框。

③ 选中【新建】单选项，【对象类型】选择【视频剪辑】，如图 2-35 所示。

图 2-35 【插入对象】对话框

④ 单击 ⬚确定⬚ 按钮，PPT 自动切换到视频属性设置状态。

注意此时的菜单栏和工具栏都发生了变化，与幻灯片编辑状态不同。

若需要循环播放，或者是播放结束后要倒退等，可执行【编辑】/【选项】菜单命令，打开【选项】对话框进行相应设置。

⑤ 执行【插入剪辑】/【Video for Windows】菜单命令，弹出【打开】对话框，这样就将视频文件插入到幻灯片中了。

⑥ 单击播放按钮 ▶ 开始播放视频。

⑦ 单击开始选择按钮 ⬚ 选择视频片断的起点。

⑧ 单击 ⬚ 结束选择按钮，选择视频片断的终点。

也可以使用播放工具栏下面的播放控制条来选择播放区间。播放控制条上标有播放时间，可以比较准确地确定播放起点和终点。

⑨ 单击媒体播放器之外的空白区域，退出视频设置界面，返回编辑状态。

经过这样一番设置，放映幻灯片时就只会播放剪辑过的那一段视频了。

2.3.3 控件的应用

前面我们已经讲过使用控件的方法插入视频，这里再介绍一个控件的应用实例。

描述或分析复杂图、表时，可能需要使用许多文字。我们当然可以用多张幻灯片进行描述，但如果不想频繁翻页的话，则可以使用【控件工具箱】来解决这个问题。

① 新建一个空白幻灯片，标题为"六方晶系"。

② 执行【插入】/【图片】/【来自文件】菜单命令，插入六方晶系的图片并安置在幻灯片左侧。

③ 执行【视图】/【工具栏】/【控件工具箱】菜单命令，打开【控件工具箱】。

④ 单击 ⬚abl⬚ 【文字框控件】，在幻灯片右侧拖出一个矩形区域，如图 2-36 所示。

⑤ 在文字框上击右键，弹出快捷菜单，单击【属性】菜单项，弹出【属性】设置窗口。

⑥ 设置【EnterKeyBehavior】属性为"True"，即允许使用回车键换行。

⑦ 设置【MultiLine】属性为"True"，即允许输入多行文字。

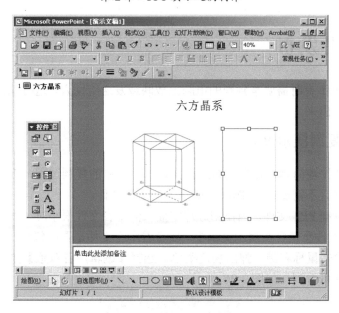

图 2-36　插入文字框控件

⑧ 设置【ScrollBars】属性为"2-fmScrollBarsVertical"，即垂直滚动条。

其他属性可根据需要进行设置，比如【BackColor】用来设置文字框的背景颜色，【TextAlign】用来设置文字对齐方式等。

⑨ 关闭属性设置窗口。

⑩ 在文字框上单击右键，弹出快捷菜单，【文字框 对象】/【编辑】菜单项，进入文字编辑状态。

⑪ 输入（或复制）说明文字。

当文字不超出文字框时，滚动条设置无效，当文字超出文字框时，则出现一个垂直滚动条。最后再应用一个设计模板如"blends.pot"。结果如图 2-37 所示。

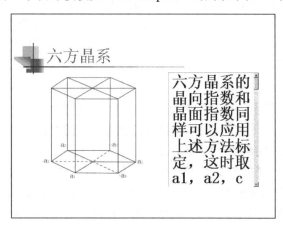

图 2-37　带有垂直滚动条的文字框

至此，在播放幻灯片时，说明文字可以随滚动条上下拖动，这样文本框就完成了。

2.4 幻灯片发布

制作好的 PPT 有时需要拿到别的电脑上放映或发送给别人，这时就需要将幻灯片用合适的方式发布出来。

2.4.1 直接复制演示文件

如果幻灯片比较简单，那么发布过程只是一个简单的复制过程，但它只适合发布没有外部链接文件且不需要嵌入 TrueType 字体的演示文件。

可以直接复制 PPT 文件。当在幻灯片中插入的影音文件很小时（小于 66kB 的 WAV 文件），则影音文件会包含在演示文稿中。要查看影音文件是否已包含在演示文稿中，可在影音文件上单击鼠标右键，弹出快捷菜单，选择【编辑声音对象】菜单项，弹出【声音选项】窗口即可看到，如图 2-38 所示。

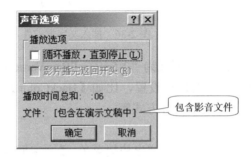

图 2-38 查看影音文件是否包含在演示文稿中

如果幻灯片相关文件比较多，复制前应将所有内容放在同一文件夹下，发布时只需复制该文件夹即可。因为在 PPT 放映过程中，播放外部链接的影视文件或声音文件时，先会按照插入时的路径去找，如果找不到，则会自动播放演示文稿所在文件夹中的同名文件，如果演示文稿所在文件夹中也找不到文件，则就不能播放此外部链接文件了。

2.4.2 "打包"发布

如果 PPT 有外部链接的影视文件或声音文件，或需要嵌入 TrueType 字体，或打算在尚未安装 PPT 的计算机上运行，那么可以使用打包的方法发布幻灯片。需要说明的是，如果你的 Office 是默认安装的，将不会提供打包功能。需要打包时 Powerpoint 会提醒你进行补充安装，按照提示一步一步地做就行了。

① 执行【文件】/【打包】菜单命令，弹出"打包"向导，如图 2-39 所示。

② 按照"打包"向导的提示，分别进行【选择打包的文件】、【选择目标】、【链接】、【播放器】和【完成】等操作，即可将 PPT 成功打包，这里就不再详述了。

PPT 打包后会生成"pngsetup.exe"、"pres0.pp1"和"pres0.ppz"等文件，其中"pngsetup.exe"为安装文件，"preso.ppz"是一个压缩文件，它包含了演示文稿和外部链接文件。

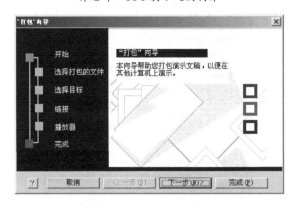

图 2-39　"打包"向导

需要播放打包的幻灯片，必须首先运行 pngsetup.exe 将其解包。

2.4.3　发布调用外部程序的幻灯片

如果播放幻灯片时需要运行外部程序，那么使用"打包"命令也无济于事。这时需要修改可执行文件的路径，将绝对路径改为相对路径。

下面以高分子链构象的模拟程序为例来说明如何解决这个问题。假定我们已有 3 个高分子链构象的模拟程序，即"M1.EXE"、"M2.EXE"和"M3.EXE"，分别对应于"无规飞行模型"、"无规链的晶格模型"及"自回避链的晶格模型"

① 将模拟程序"M1.EXE"、"M2.EXE"和"M3.EXE"复制到 PPT 所在文件夹，如"D:\MyPPT"。

② 制作一张幻灯片，内容如图 2-40 所示。

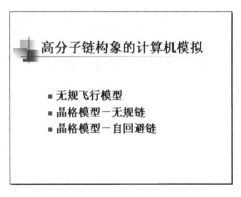

图 2-40　制作幻灯片

③ 选中第一行文字"无规飞行模型"，在其上单击右键，弹出快捷菜单，单击其中的【动作设置】菜单项，弹出【动作设置】对话框，如图 2-41 所示。

④ 在【单击鼠标】选项卡中，单击【运行程序】单选项。

⑤ 单击 浏览(B)... 按钮，找到需要运行的程序，如"D:\MyPPT\M1.EXE"。

⑥ 将文件路径删除，只保留文件名，即删除"D:\MyPPT\"只保留"M1.EXE"。

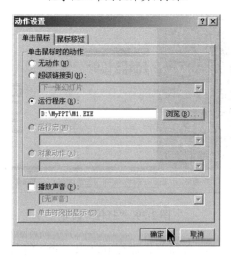

图 2-41 【动作设置】对话框

⑦ 单击 确定 按钮完成动作设置。

这样，发布时只需拷贝演示文稿所在文件夹就可以了。

播放该幻灯片时，"无规飞行链"这几个字会变成超链接，单击之即可调用当前文件夹中的可执行文件。

2.5 小结

制作幻灯片首先应组织好素材，如文字、图表和媒体等。文字内容要简洁、突出重点，应以提纲式为主。图形和图像应成为幻灯片重要组成部分。另外还要有一个良好的结构，标题要简练，能引起听众兴趣。幻灯片最好有目录，并作好相应的超链接设置，以便放映时能做到随时跳转和退出。幻灯片的动画设计应简洁大方，不可太繁杂以至于喧宾夺主。音乐和音响效果的设计不可干扰演讲。还应注意恰当地选择幻灯片前景和背景颜色，以达到最佳投影效果。

第3章 化学办公软件 ChemOffice

分子式和结构式是化学家的语言，这类特殊的数据需要专门软件来处理。目前已经有许多化学软件问世，其中 ChemOffice 是世界上最优秀的化学软件，集强大的应用功能于一身，其结构绘图是国内外重要论文期刊指定的格式。化学工作者可以用 ChemOffice 去完成自己的想法，与同行交流化学结构、模型和相关信息。ChemOffice 是化学工作者必备软件。

本章所讲的版本是 ChemOffice Ultra 2004 版，主要包含如下软件和功能：

- ChemDraw Ultra 8.0：化学结构绘图。
- Chem3D Ultra 8.0：分子模型及仿真。
- ChemFinder Pro 8.0：化学信息搜寻整合系统。
- E-Notebook Ultra 8.0：整理化学信息、文件和数据，并从中取得所要的结果。

本章主要介绍 ChemDraw、Chem3D 和 ChemFinder。

3.1 初识 ChemDraw

ChemDraw 是 ChemOffice 中使用最为频繁的组件，是国际上绝大多数杂志指定的论文排版软件，为不同的杂志备有不同的模板，应用最为广泛。ChemDraw 奉行的理念是：化学家能懂的，ChemDraw 也应该懂。

ChemDraw 的主要功能有：

- AutoNom：依照 IUPAC 命名化学结构。
- ChemNMR：预测 ^{13}C 和 ^1H 的 NMR 近似谱图。
- ChemProp：预测 BP、MP、临界温度、临界气压、吉布斯自由能、logP、折射率、热结构等性质。
- ChemSpec：可输入 JCAMP 及 SPC 频谱资料，用以比较 ChemNMR 预测的结果。
- ClipArt：高品质的实验室玻璃仪器图库，可搭配 ChemDraw 使用。
- Name=Struct：输入 IUPAC 化学名称后就可自动产生 ChemDraw 结构。

ChemOffice 安装过程很简单，以默认方式安装就可以。文件安装在 "C:\Program Files\CambridgeSoft\ChemOffice2004\" 文件夹中。下面我们先介绍一下 ChemDraw 主界面、菜单和工具栏。

3.1.1 主界面

ChemDraw 主界面如图 3-1 所示。

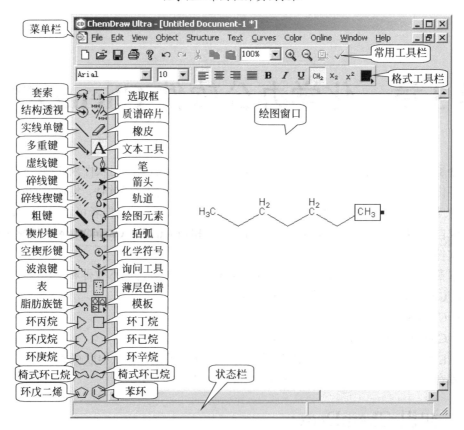

图 3-1　ChemDraw 主界面

ChemDraw 主界面自上而下为菜单栏、工具栏和绘图窗口。在绘图窗口左侧是垂直工具栏，其中的工具和模板是化学专用的。有些模板按钮下面带有 ► 箭头，单击该按钮不松开，会在其右侧弹出子工具栏，其中包括若干相关选项。【箭头】、【轨道】、【绘图元素】、【括弧】、【化学符号】和【询问工具】模板如图 3-2 所示。

图 3-2　【箭头】、【轨道】、【绘图元素】、【括弧】、【化学符号】和【询问工具】模板

3.1.2　模板

垂直工具栏上的【模板】按钮包含了多种较复杂的分子种类和玻璃仪器模板，其中氨基酸模板如图 3-3 所示。

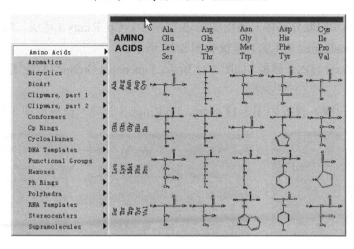

图 3-3　氨基酸模板

这个按钮中包含了常用的和重要的模板，自上而下分别介绍如下。Aromatics（芳香族）模板如图 3-4 所示。Bicyclics（双环）模板如图 3-5 所示。Bioart（生物艺术）模板包括细胞膜、DNA 双螺旋等，如图 3-6 所示。

Clipware 模板分两部分，是一些常用玻璃仪器的插接件图形，如图 3-7 所示。

  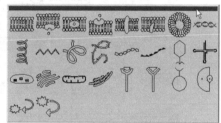

图 3-4　Aromatics（芳香族）模板　图 3-5　Bicyclics（双环）模板　图 3-6　Bioart（生物艺术）模板

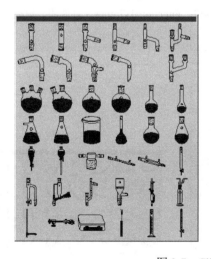 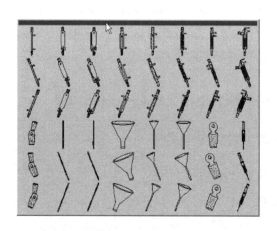

图 3-7　Clipware（玻璃仪器）模板

Conformers（构象异构体）模板如图 3-8 所示。Cp Rings（环戊二烯环）模板如图 3-9 所示。Cycloalkanes（环烷）模板如图 3-10 所示。

DNA Templates（DNA 模板）如图 3-11 所示。Functional Groups（官能团）模板如图 3-12 所示。

Hexoses（己醣）模板如图 3-13 所示。Ph Rings（苯环）模板如图 3-14 所示。

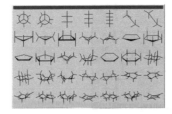

图 3-8　Conformers（构象异构体）模板

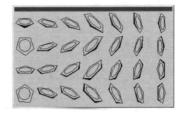

图 3-9　Cp Rings（环戊二烯环）模板

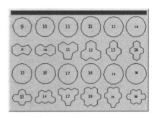

图 3-10　Cycloalkanes（环烷）模板

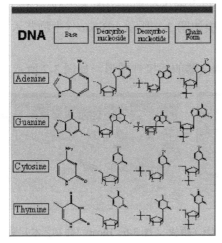

图 3-11　DNA Templates（DNA 模板）

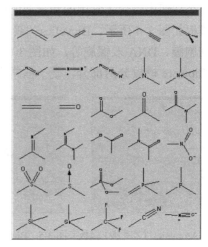

图 3-12　Functional Groups（官能团）模板

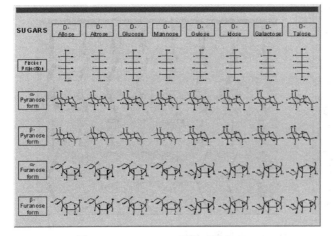

图 3-13　Hexoses（己醣）模板

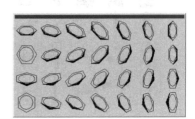

图 3-14　Ph Rings（苯环）模板

Polyhedra（多面体）模板如图 3-15 所示。RNA 模板如图 3-16 所示。

Stereocenters（立构中心）模板如图 3-17 所示。Supramolecules（超分子）模板如图 3-18 所示。

ChemDraw 包括如此众多的模板，我们想画的东西多数已经包括其中了。熟悉了这些模板，读者就可以根据这些模板迅速组合成希望的分子形状。

使用模板绘图的方法很简单。单击选中模板后，在绘图区的空白处单击鼠标左键，即可将该模板绘制出来。若不更换模板，每次单击都会出现相同图形。

ChemDraw 菜单内容比较复杂，较常用的菜单项是【Structure】。有关菜单命令的使用将在后面的实例中讲解，这里就不详述了。

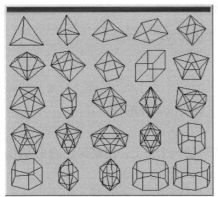

图 3-15　Polyhedra（多面体）模板

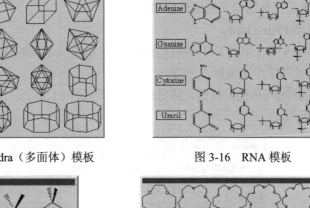

图 3-16　RNA 模板

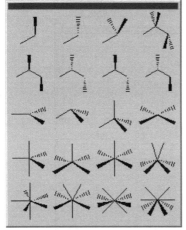

图 3-17　Stereocenters（立构中心）模板

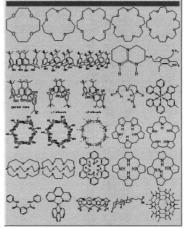

图 3-18　Supramolecules（超分子）模板

3.2　ChemDraw 绘图实例

本节我们绘制一些结构式，预测化合物性质，绘制反应方程，搭建化学反应仪器，借此掌握 ChemDraw 最常用的功能。

3.2.1　绘制阿司匹林结构式

阿司匹林（aspirin），学名乙酰水杨酸（acetylsalicylic acid）。白色针状或板状晶体或结晶性粉末，密度为 $1.35g/cm^3$，熔点为 135~138℃。它是常用的解热镇痛药物，由水杨酸与醋酐经酰化制得。阿司匹林结构式如图 3-19 所示。

图 3-19　阿司匹林结构式

绘制阿司匹林结构式的操作步骤如下：

① 启动 ChemDraw。

② 单击垂直工具栏最下端的 ⬡ 按钮，鼠标变成苯环的样子。

③ 在绘图区单击鼠标，出现一个苯环。

④ 单击 ╲（单键）按钮，将鼠标移至苯环的一个角上，出现深色的正方形连接点，如图 3-20 所示。

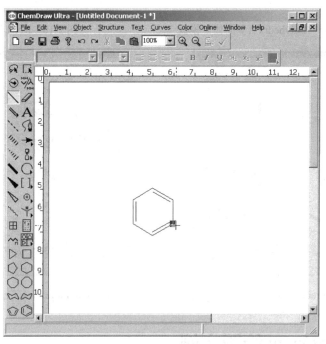

图 3-20　苯环上的连接点

⑤ 自连接点横向拉出一根实线单键，松开鼠标，自单键终点向右下方再次拉出一根单键，与前一根单键夹角约 109°。

⑥ 用同样方法在苯环邻位也拉出 3 个单键，如图 3-21 所示。

⑦ 单击多重键按钮，在特定连接点上拉出双键，如图 3-22 所示。

⑧ 分别将鼠标移至应该出现羟基或氧原子的位置，待出现连接点之后，单击键盘上的 O 键，如图 3-23 所示。

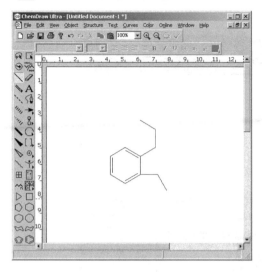

图 3-21　拉出 3 个单键

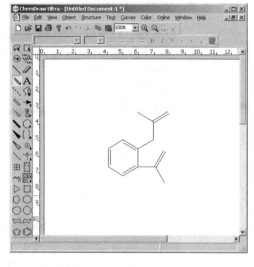

图 3-22　绘制双键

图 3-23　阿司匹林结构式

在链接点上按 C 键，ChemDraw 会依据键的饱和程度自动出现 CH_3、CH_2、CH 或 C，按完 C 键后紧接着按 L 键，会变成元素氯的符号（Cl）。在链接点上按 O 键，ChemDraw 会依据情况自动出现 OH 或 O。同样，如果在连接点上按 N 键，会出现 NH_2、NH 或 N。

至此我们绘制完成了阿司匹林的结构式的主要工作，但还有一点重要的工作需要做，即手工绘制时，化学键键角难以精确掌握，且拖拉化学键或连接点过程中难免造成键长的变化和图形的扭曲（如图 3-23 中的苯环），因此需要对图形进行整理。我们当然可以通过拖动连接点的方法进行整理，但 ChemDraw 提供了更精确和更有效率的方法。

⑨ 单击 ⬚ （选取框）按钮，选中画好的阿司匹林结构式。

⑩ 执行【Structure】/【Clean Up Structure】菜单命令，整理图形，得到如图 3-19 所示的阿司匹林结构式。

有时一次整理操作并不能将结构式整理到最佳状态，因此【Clean Up Structure】命令可多执行几次，直到结构式的形状不再变化为止。

3.2.2　图形存盘

画好的分子结构图形可以保存为文件，以备将来使用或修改。ChemDraw 文件的扩展名为"cdx"。执行【File】/【Save As】菜单命令，弹出【另存为】对话框，即可将文件保存起来，如图 3-24 所示。

图 3-24　保存 ChemDraw 文件

在【另存为】对话框中，【保存类型】可以有多种选项，可以另存为 ChemDraw 3.x 版的格式（扩展名为"chm"），或"gif"、"bmp"图形格式，或另存为 ISIS 格式。

3.2.3　图形的旋转与缩放

如果不改变图形模板的话，在绘图区每单击一次鼠标，就会出现一个选定模板的图形。若单击鼠标左键后不松手，则可以通过移动鼠标使图形旋转，待转动到希望的位置时再松手。

画好的图形也可以旋转和缩放。用选取框或套索选中图形，这时图形被一个闪动的虚框笼罩，如图 3-25 所示。

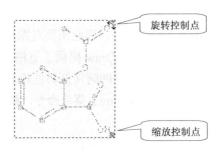

图 3-25　图形被虚框笼罩

虚框的右上角为旋转控制点，鼠标移至此会变成弧形双箭头的样子，单击鼠标拖动这个角可以顺时针或逆时针旋转图形。虚框的右下角为缩放控制点，拖动这个角可以按比例改变图形大小。

要撤销操作，可单击 （Undo）按钮。

3.2.4　检查结构错误和整理结构式

ChemDraw 可以检查绘制的结构式是否有问题。选中结构式后，执行【Structure】/【Check Structure】菜单命令，ChemDraw 就会将一个红色方框罩在有问题的原子或官能团上，便于用户检查。这项功能有点像 Word 中的拼写检查。

ChemDraw 中【Check Structure】功能是自动执行的，如果看到结构式中有红色方框罩住的原子或官能团，用户就应该注意检查一下了。

3.2.5　实例练习

图 3-26 给出 20 个实例，请读者对照着练习结构式的画法。虽说其中一些结构式有现成的模板，但希望读者从最基本的模板出发绘制出来。比如萘，可以用两个苯环拼接起来。例子中有些结构式是有问题的，如化学键是不饱和的（**9**）或过饱和的（**10**），出现这种情况时，ChemDraw 的【Check Structure】功能会用红色方框标出有问题的基团或原子，以提醒用户注意。这种键不饱和或超饱和的结构，可以通过正常结构用文本工具修改相应原子或基团而得到。

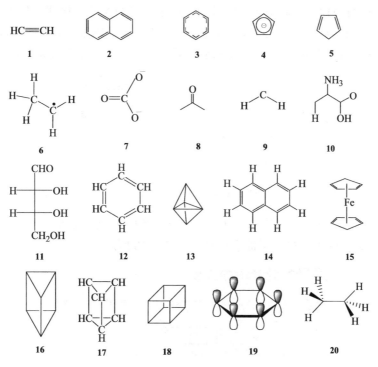

图 3-26　绘制结构式实例练习

3.2.6 根据化合物名称得到结构式

如果知道了化合物的英文名字，可能就不需要逐键绘制结构式了，因为 ChemDraw 提供了一种功能，可以根据化合物的名称自动给出结构式。化合物名称必须是英文的，最好是系统命名的。

阿司匹林的英文名字为"2-acetoxybenzoic acid"。

下面我们根据化合物名称得到结构式。

① 执行【Structure】/【Convert Name to Structure】菜单命令，弹出【Insert Structure】对话框，如图 3-27 所示。

图 3-27　输入化合物名称

② 在输入框中输入"2-acetoxybenzoic acid"（2-乙酰基苯甲酸）。

③ 单击 OK 按钮，即出现阿司匹林的结构式。

ChemDraw 也能根据一些化合物的缩写给出结构式，如 EDTA。在【Insert Structure】对话框中键入"EDTA"，单击 OK 按钮，即出现 EDTA 的结构式，如图 3-28 所示。

有时输入化合物的商品名或俗名也能得到结构式，如输入"aspirin"即可得到阿司匹林的结构式，输入"morphine"即可得到吗啡的结构式。吗啡的结构式如图 3-29 所示。

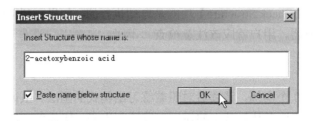

图 3-28　EDTA 的结构式　　　　　图 3-29　吗啡的结构式

需要说明的是，并非所有的化合物名称都能得到结构式。如果无法由名字产生结构式，ChemDraw 会弹出窗口显示提示信息，如图 3-30 所示。

图 3-30　无法由名字产生结构式的提示信息

3.2.7　根据结构得出化合物命名

如果我们确定了化合物的结构，想知道其系统命名，可以借助 ChemDraw 帮忙得到正确的化合物名称。

根据结构得出化合物命名的方法如下：

① 绘制肾上腺素的结构式，如图 3-31 所示。

② 选中此结构式。执行【Structure】/【Convert Structure to Name】菜单命令，即可在结构式下面出现系统命名，如图 3-32 所示。

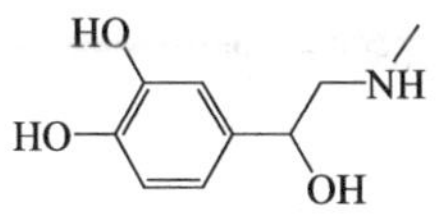

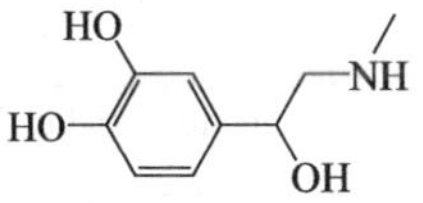

4-(1-hydroxy-2-(methylamino)ethyl)benzene-1,2-diol

图 3-31　肾上腺素的结构式　　　　图 3-32　肾上腺素的系统命名

需要说明的是，并非所有的结构式都能给出化合物名称。如果无法由结构产生系统命名，ChemDraw 会弹出窗口显示提示信息，如图 3-33 所示。

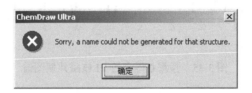

图 3-33　无法由结构产生系统命名的提示信息

3.2.8　预测核磁共振化学位移

ChemDraw 可以根据结构式预测分子的 ^1H 和 ^{13}C 核磁共振化学位移。心得安（propranolol）是一种心血管药物，是 β-阻断剂，能抑制心脏的收缩率，避免过渡兴奋和阻止神经冲动，保证心壁平滑肌的收缩。现在我们以心得安为例，预测其 ^1H 和 ^{13}C 核磁共振图谱。

① 绘制心得安的结构式（也可由其英文名产生结构），如图 3-34 所示。

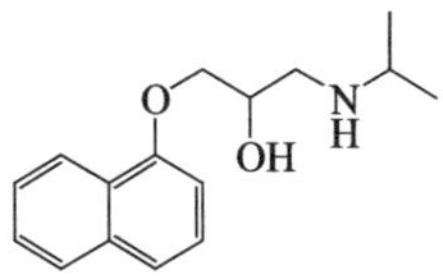

图 3-34　心得安结构式

② 选中此结构式。执行【Structure】/【Predict 1H-NMR-Shifts】菜单命令，出现心得安的 ^1H 核磁共振化学位移值及图谱，如图 3-35 所示。

③ 缩小当前窗口，返回绘制结构式的窗口。

④ 执行【Structure】/【Predict 13C-NMR-Shifts】菜单命令，出现心得安的 ^{13}C 核磁共振化学位移值及图谱，如图 3-36 所示。

手中有了这样两张预测图谱，再去实测样品的核磁共振时，必然成竹在胸了。

ChemNMR H-1 Estimation

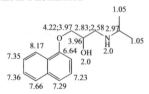

Estimation Quality: blue = good, magenta = medium, red = rough

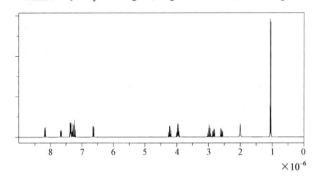

图 3-35　预测心得安的 ^1H 核磁共振图谱

ChemNMR C-13 Estimation

Estimation Quality: blue = good, magenta = medium, red = rough

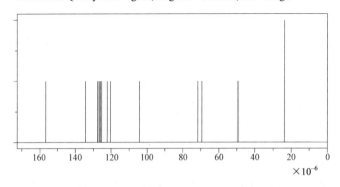

图 3-36　预测心得安的 ^{13}C 核磁共振图谱

3.2.9　分析结构估计性质

ChemDraw 可以对化合物结构进行分析计算。以心得安为例，选中心得安结构式，执行【View】/【Show Analysis Window】菜单命令，弹出如图 3-37 所示的分析窗口。

这个窗口包括心得安的分子简式、摩尔质量、同位素分布图、元素分析组成比例等数据。

执行【View】/【Show Chemical Properties Window】菜单命令，弹出如图 3-38 所示的化学性质窗口。

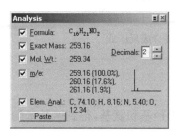

图 3-37　【Analysis】窗口　　　　　图 3-38　【Chemical Properties】窗口

这个窗口给出化合物的沸点、熔点、临界温度、临界压力、临界体积、Gibbs 自由能、LogP、MR、Herry's Law、生成热、ClogP、CMR 等数据。

3.2.10　元素周期表

ChemDraw 提供了一张使用起来十分方便的元素周期表。执行【View】/【Show Periodic Table Window】菜单命令即可打开元素周期表窗口，如图 3-39 所示。

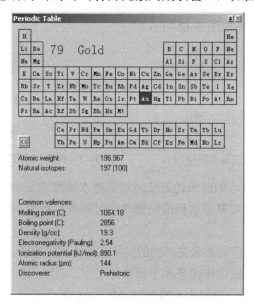

图 3-39　元素周期表

单击周期表上的元素符号，就可以得到该元素的物理性质。单击表中的 >> 按钮，可以打开或关闭周期表下方的物理性质详细列表。

3.2.11 绘制化学反应式

对氨基水杨酸是抗结核药物，可以由氨基苯酚合成，其反应方程式如图 3-40 所示。

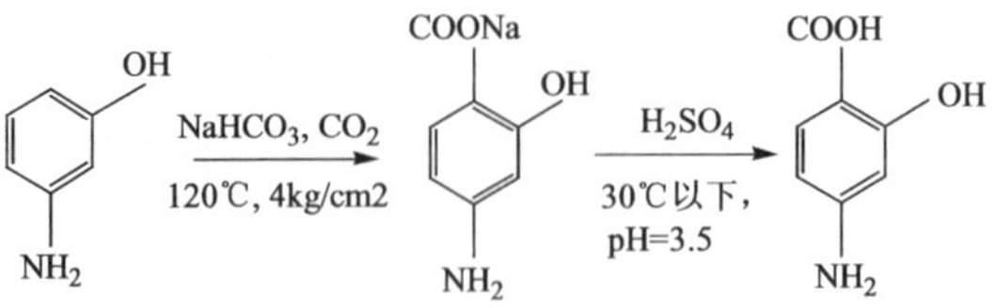

图 3-40 对氨基水杨酸合成反应式

对氨基水杨酸合成反应式绘制方法如下：

① 使用苯环模板绘制苯环。

② 使用单键模板，在苯环间位上分别绘制出羟基和氨基，得到氨基苯酚，如图 3-41(a) 所示。

③ 用选取框选中氨基苯酚，鼠标变成 形状。按住 Ctrl 键， 形鼠标上出现一个 "+" 号，向右拖动鼠标，将氨基苯酚结构式复制出一份到新位置。

④ 在新复制的结构式氨基的对位绘制一个单键，并在单键终点的连接点上按 C 键，得到对甲基氨基苯酚，如图 3-41(b) 所示。

现在氨基对位是甲基，不符合我们的要求，因此需要修改。

⑤ 单击垂直工具栏上的 **A** （文本）按钮。

⑥ 单击图 3-41(b) 中的甲基，出现文本编辑框，将 "H_3" 删除，输入 "OONa"，变成对氨基水杨酸钠，结果如图 3-42 所示。

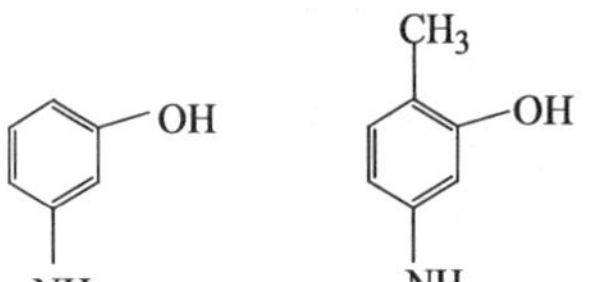

图 3-41 复制对氨基苯酚结构式　　图 3-42 使用文本工具修改后得到的结构式

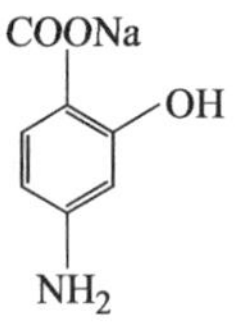

⑦ 单击选取框按钮，如前所述方法将对氨基水杨酸钠复制一份放置在其右侧。

⑧ 如前所述方法将对氨基水杨酸钠修改为对氨基水杨酸。最终绘制出来的 3 个结构式如图 3-43 所示。

现在反应原料、中间产物和最终产物的结构式都绘制出来了，下面我们添加反应条件。

⑨ 使用 箭头模板绘出两条水平箭头。

⑩ 使用 **A** 按钮在第一个箭头上输入 "NaHCO3, CO2"，在其下输入 "120℃, 4kg/cm2"。

⑪ 分别选中需要做上标、下标变换的文字，使用水平工具栏的 x^2 上标按钮和 x_2 下

图 3-43　绘制完毕的结构式

标按钮进行变换。

⑫ 用同样方法在第二个箭头上方、下方分别输入"H_2SO_4"和"30℃以下，pH=3.5"。最终结果如图 3-40 所示。

3.2.12　符号、字体和颜色

（1）输入特殊符号

有时可能需要在结构式或反应方程式中输入特殊符号。执行【View】/【Character Map】菜单命令即可打开符号窗口，如图 3-44 所示。

单击 下拉按钮，可以选择各种 Windows 字体和符号，包括汉字。

（2）改变字体

通常使用 ChemDraw 默认字体就可以了。若要改变字体，可单击【Text】菜单，在其中的【Font】菜单命令中选择字体，如图 3-45 所示。

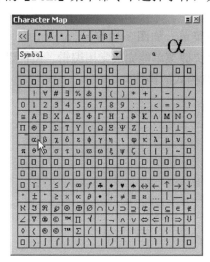

图 3-44　符号窗口

图 3-45　字体选项

Windows 的所有字体都可以在 ChemDraw 中使用，必要时自然也可以使用汉字字体。

默认状态下 ChemDraw 的文字和绘制的图形是黑色的，有时我们需要将图形变成别的颜色，比方我们需要将结构式复制到 PPT 中，在白色背景上要投影得清楚，可以选用蓝色作为结构式的颜色。这就需要使用【Color】菜单。

（3）改变结构式的颜色

① 选中画好的结构式。

② 单击【Color】菜单会下拉出菜单项，除了黑色之外，里面包括 8 种可以选择的

颜色，如图 3-46 所示。

③ 单击【Other # 5】号颜色，完成改变结构式颜色的操作。

蓝色是其中的【Other # 5】号颜色。如果用户对这 8 种颜色不满意，可以单击最下面的【Other】选项，弹出【颜色】调色板，其中有更多的颜色选项，并可以自定义颜色，如图 3-47 所示。

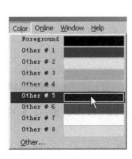
图 3-46 【Color】菜单项

图 3-47 【颜色】调色板

3.2.13 快捷菜单和快捷键

（1）快捷菜单

在选中的结构上单击鼠标右键，会弹出快捷菜单，如图 3-48 所示。

ChemDraw 快捷菜单包含了多种选项，使用快捷菜单能完成常用编辑、属性设置、模板选择等功能。图 4-48 是利用快捷菜单整理结构式的操作。

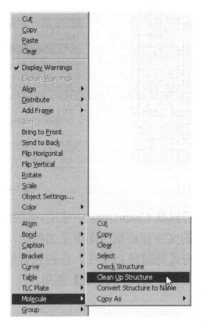
图 3-48 ChemDraw 快捷菜单

（2）快捷键

ChemDraw 提供了大量快捷键，掌握快捷键能大大提高工作效率。

常用的与结构有关的快捷键为：

- Ctrl+Shift+K：整理结构式。
- Ctrl+Shift+N：将化合物名称转换为结构式。
- Alt +Ctrl+Shift+N：将结构式转换为化合物名称。

编辑快捷键与其他软件如 Word 相同，常用的与图形编辑有关的快捷键为：

- Ctrl+A：全选
- Ctrl+C：复制
- Ctrl+V：粘贴
- Ctrl+X：剪切
- F9：字符下标
- F10：字符上标
- Ctrl+R：旋转图形，可以设定旋转角度。
- Ctrl+K：改变图形大小，可以设定键长。
- Ctrl+Shift+H：水平翻转图形。
- Ctrl+Shift+V：垂直翻转图形。

3.2.14 绘制实验装置

ChemDraw 可以用磨口玻璃仪器接插件迅速搭建化学反应装置。下面我们搭建一个简单的蒸馏装置。

① 执行【View】/【Other ToolBars】/【Clipware, part1】菜单命令，将 Clipware, part1 模板窗口打开。

② 在【Clipware, part1】和【Clipware, part2】中依次选择合适的铁架台、铁夹、加热器、单口烧瓶、蒸馏头、温度计、直形冷凝管、接收器等模板，并将其绘制出来。简单蒸馏装置组成如图 3-49 所示。

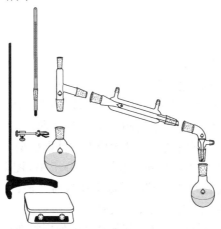

图 3-49 简单蒸馏装置的组成部分

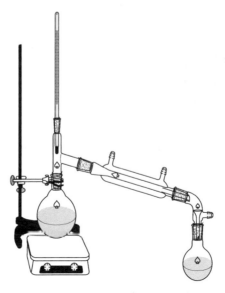

图 3-50 蒸馏装置

将玻璃仪器在磨口处拼接好。安装完成的简单蒸馏装置如图 3-50 所示。

如果器件前后排列的次序不对，可在器件上击右键，在弹出的快捷菜单中选择【Bring to front】或【Send to back】命令，将器件提到前面或置于后面。

3.3　Chem3D 绘图实例

Chem3D 同 ChemDraw 一样，是 ChemOffice 的组成部分，它能很好地同 ChemDraw 一起协同工作，ChemDraw 上画出的二维结构式可以正确地自动转换为三维结构。Chem3D Ultra 版还包括了一个很好的半经验量子化学计算程序 MOPAC 97，并能与著名的从头计算程序 Gaussian 98 连接，作为它的输入、输出界面，能够以三维的方式显示量子化学计算结果，如分子轨道、电荷密度分布等。

3.3.1　Chem3D 简介

Chem3D 的主界面如图 3-51 所示。

常用工具都放置在左侧的垂直工具栏中。和 ChemDraw 相比，Chem3D 的垂直工具栏要简单得多。Chem3D 的水平工具栏中有显示属性设置选项，单击其右侧的 ▼ 按钮可以选择用什么样的模型表现三维分子结构，如图 3-52 所示。

简单的结构可以采用比例模型、圆柱键模型或球棍模型，复杂一些的结构可以采用棒状模型或线状模型。图 3-53 是 5 种模型的乙烷分子 3D 图形。

Chem3D 的文件扩展名为".c3d"，模板文件名为".c3t"。除此之外，还可以将 3D 模型存为其他格式的文件，或者存为图像文件。

Chem3D 的菜单栏比较复杂，常用菜单命令的使用将在后面的实例中介绍。下面我们首先建立 3D 模型。

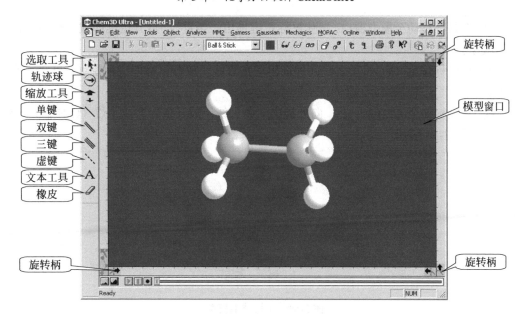

图 3-51　Chem3D 的主界面

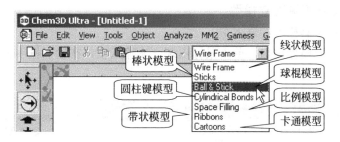

图 3-52　Chem3D 显示属性

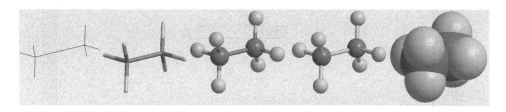

图 3-53　乙烷的 5 种 3D 显示属性（从左至右分别为线状模型、棒状模型、球棍模型、圆柱键模型和比例模型）

3.3.2　建立 3D 模型

Chem3D 提供了多种多样的 3D 模型建立方法。可以利用单键、双键或三键工具直接绘制 3D 模型，可以将分子式转换成 3D 模型，也可以用 Chem3D 提供的子结构或模板建立模型。

（1）利用键工具建立模型

① 单击垂直工具栏上的 ＼ 单键按钮。

② 将鼠标移动至模型窗口，按住鼠标左键拖出一条直线，放开鼠标即成乙烷（C_2H_6）立体模型。

③ 将鼠标移至 C(1)原子上，向外拖出一条直线，放开鼠标即成丙烷（C_3H_8）立体模型。

④ 将鼠标移至 C(2)原子上，向外拖出一条直线，放开鼠标即成丁烷（C_4H_{10}）立体模型，如图 3-54 所示。

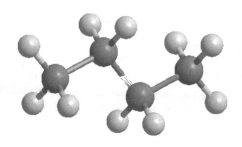

图 3-54　丁烷球棍模型

（2）利用文本工具建立模型

① 单击垂直工具栏上的 **A** 按钮。

② 将鼠标移至模型窗口，单击鼠标出现文本输入框，在输入框中输入"C4H10"，如图 3-55 所示。

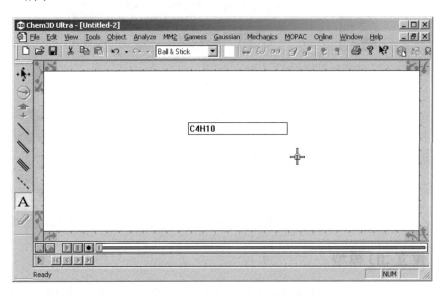

图 3-55　利用文本工具建立模型

③ 按回车键，Chem3D 自动将输入的分子式变成丁烷 3D 模型。

若化合物带有支链，可以将支链用括号括起来。如建立异丁烷模型可输入"CH3CH(CH3)CH3"，如图 3-56 所示。

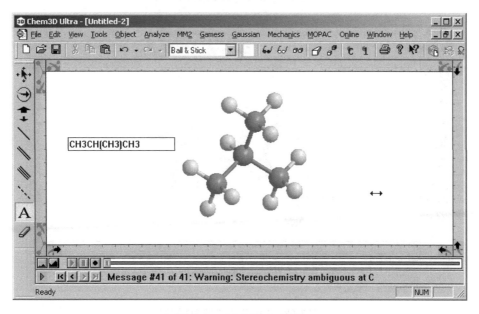

图 3-56　异丁烷 3D 模型

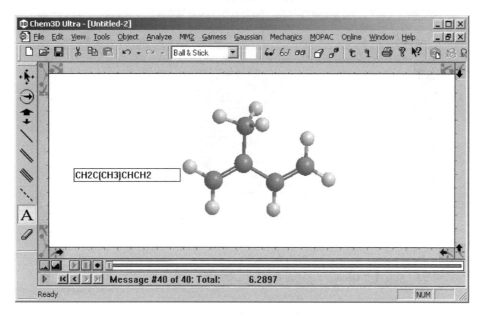

图 3-57　异戊二烯 3D 模型

如建立异戊二烯 3D 模型可输入 "CH2C(CH3)CHCH2"，如图 3-57 所示。

如建立 4-甲基-2-戊醇 3D 模型可输入 "CH3CH(CH3)CH2CH(OH)CH3"，如图 3-58 所示。

输入一组氨基酸的缩写，可建立多肽的 3D 结构。如输入 "H(Ala)12OH"，然后用 工具转动模型，从 α- 螺旋的中间部分看过去，得到如图 3-59 所示的模型。

若模型很复杂，可以考虑改用线状模型显示。在显示螺旋时也可以使用带状模型。

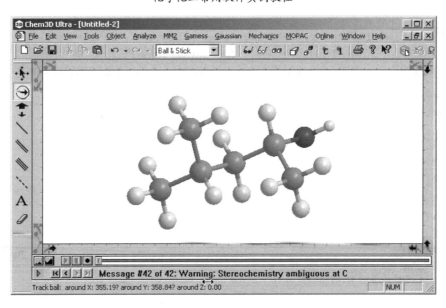

图 3-58 4-甲基-2-戊醇 3D 模型

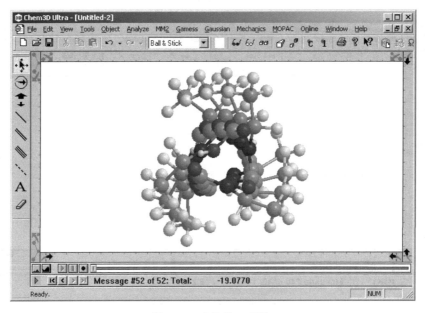

图 3-59 多肽的 α- 螺旋

（3）使用子结构建立 3D 模型

Chem3D 提供了子结构库，用户可以选择其中的子结构，然后将它们拼装起来，形成复杂结构。

① 执行【View】/【Substructures.TBL】菜单命令，弹出【CS Table Editor － [Substructures]】窗口，单击【Phenyl】（苯基）的【Model】选中之，如图 3-60 所示。

② 单击工具栏上的 按钮复制子结构。

③ 回到 3D 模型窗口，单击水平工具栏上的 按钮，将子结构粘贴至窗口。

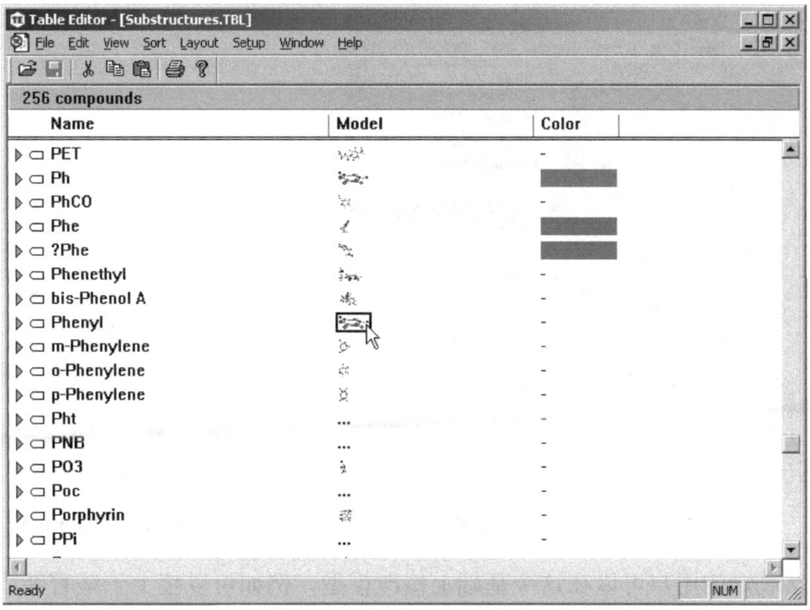

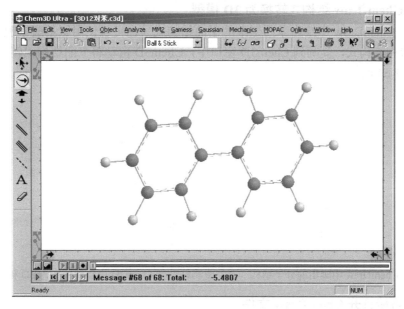

图 3-60　子结构模型库

④ 再次单击 🖺 按钮，这样窗口中就有了两个苯环。

⑤ 单击垂直工具栏上的 ╲ 按钮将两个苯环连接起来，得到如同 3-61 所示的模型。

图 3-61　在子结构上编辑模型

（4）使用模板建立 3D 模型

执行【File】/【Templates】/【Buckminsterfullerene.C3T】菜单命令，如图 3-62 所示。
出现 C_{60} 的 3D 模型，如图 3-63 所示。

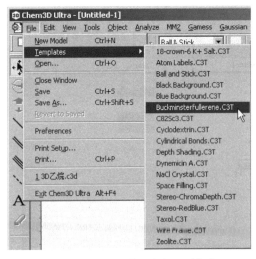

图 3-62 使用模板建立 3D 模型

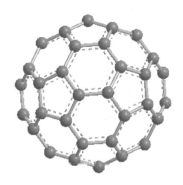

图 3-63 C_{60} 的 3D 模型

研究富勒烯的用户可以在这个基础上修改模型，例如可以接上一些官能团。

3.3.3 ChemDraw 结构式与 3D 模型间的转换

Chem3D 可以将 ChemDraw 的平面结构式转换成相应的 3D 模型。3D 模型也可以转变成平面结构式。

（1）ChemDraw 结构式转换为 3D 模型

① 在 ChemDraw 中绘出苯丙氨酸的平面结构式（也可以使用氨基酸模板输入）。

② 选中结构式，复制到 Chem3D 窗口中，Chem3D 自动将平面结构式转变成 3D 模型，如图 3-64 所示。

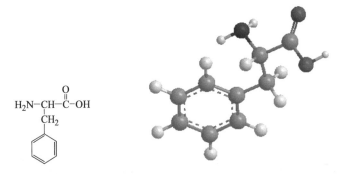

图 3-64 ChemDraw 中画出的分子结构（左）复制粘贴到 Chem3D 中自动转换为 3D 模型（右）

（2）直接打开 ChemDraw 文件

Chem3D 也可以直接打开 ChemDraw 文件。

① 执行【File】/【Open】菜单命令，弹出【Open】对话框。

② 在【文件类型】窗口中选择 "ChemDraw (*.cdx; *.chm)" 类型。

③ 单击 打开(0) 按钮打开文件。Chem3D 自动将 ChemDraw 文件转换为 3D 模型。

（3）3D 模型转换为平面结构式

① 选中 3D 模型。

② 执行【Edit】/【Copy As】/【ChemDraw Structure】菜单命令，复制此模型。

③ 粘贴至 ChemDraw 窗口中。

3.3.4　整理结构与简单优化

和 ChemDraw 一样，利用【键】工具建立的 3D 结构，键角及键长可能不正常，应首先对其进行整理操作，然后做简单优化处理，以便得到能量最低的构象。

整理结构与简单优化的操作步骤如下：

① 执行【Edit】/【Select All】菜单命令（或按 Ctrl ＋ A 键），将模型全部选中。

② 执行【Tools】/【Clean Up Structure】菜单命令，整理结构。

③ 执行【MM2】/【Minimize】菜单命令，弹出【Minimize Energy】对话框，如图 3-65 所示。

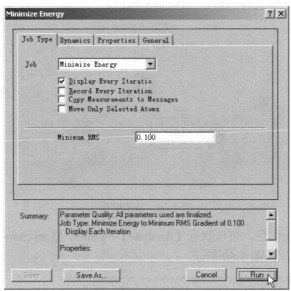

图 3-65　简单优化

④ 单击 Run 按钮开始对模型进行优化，每迭代一次模型都会发生改变，最终给出能量最低状态。

图 4-65 中由于选择了【Display Every Iteration】，迭代计算过程中，Chem3D 窗口最下方的状态栏会显示迭代过程中各种参数的变化。

3.3.5　显示 3D 模型信息

将鼠标移动至 3D 模型的原子上，会弹出一个窗口显示该原子的相关信息，如图 3-66 所示。

将鼠标移动至 3D 模型的化学键上，会弹出一个窗口显示该化学键的相关信息，包括键长、键级等，如图 3-67 所示。

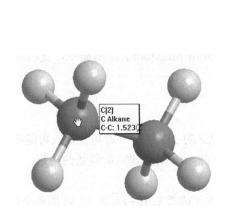 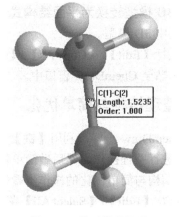

图 3-66　显示原子信息　　　　　　　图 3-67　显示键的信息

按住 Shift 键不动，用鼠标顺序选中连续的 3 个原子，然后将鼠标停留在任一原子上，即可显示这 3 个原子形成的键角，如图 3-68 所示。

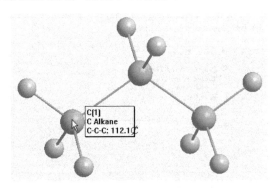

图 3-68　显示键角

要显示更详细的信息，可以执行【Analyze】/【Show Measurements】/【Show Bond Lengths】菜单命令，如图 3-69 所示。

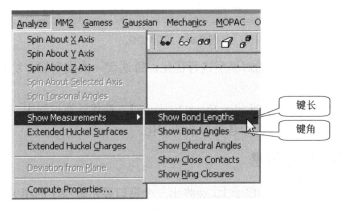

图 3-69　模型的进一步信息

模型的全部键长数据会出现在右侧新分裂出来的窗口中，如图 3-70 所示。

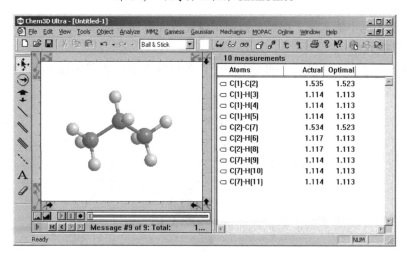

图 3-70　模型的键长数据

执行【Analyze】/【Show Measurements】/【Show Bond Angles】菜单命令可以显示全部键角数据。

要显示全部元素的符号和序号，可以选中全部模型，然后执行【Object】/【Show Element Symbols】/【Show】菜单命令，以及【Object】/【Show Element Symbols】/【Show】菜单命令，显示元素符号及标号。

3.3.6　改变元素序号与替换元素

以化学键工具建立起来的 3D 模型，元素编号可能不符合我们的要求，因此需要加以修改。另一方面，有时我们需要修饰模型，引入一些杂原子，这就需要将模型中的碳元素替换为其他元素。

（1）改变元素序号

① 使用 ＼ 单键按钮，绘出正丁烷模型。

② 按 Ctrl ＋ A 键选中模型。

③ 执行【Tools】/【Clean Up Structure】菜单命令整理模型。

④ 使用垂直工具栏上的 工具，双击需要改变序号的碳原子，弹出输入框，如图 3-71 所示。

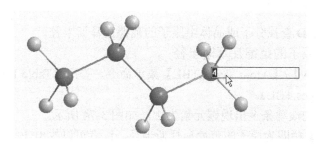

图 3-71　改变原子序号

⑤ 在输入框中输入原子序号，按回车键完成元素序号的修改。

（2）替换元素

① 双击上述正丁烷模型中的 C(1)原子，弹出输入框，如图 3-72 所示。

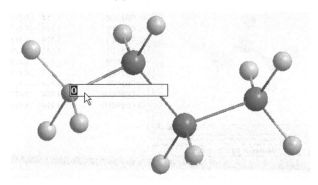

图 3-72　替换元素

② 在输入框中输入大写字母"O"，即氧原子，按回车键。

③ 如此这般修改 C(4)原子，最终得到乙二醇的 3D 模型，如图 3-73 所示。

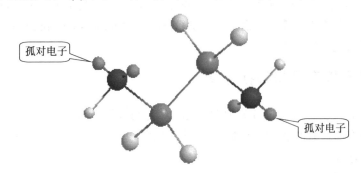

图 3-73　乙二醇的 3D 模型

在乙二醇的 3D 模型中，氧原子显示为与碳原子不同的颜色，并且氧原子上的孤对电子也显示了出来。若要关闭氢原子和孤对电子的显示，可选择【Tools】/【Show H's and Lp's】菜单命令，将其前面的对号去掉。

3.3.7　原子和分子的大小

可以用 Chem3D 查找分子或晶体中原子的范德瓦耳斯半径。

（1）查找 C 原子的范德瓦耳斯半径

① 执行【View】/【Atom Types.TBL】菜单命令，弹出【Table Editer】窗口，并自动打开【Atom Types.TBL】。

② 下拉右侧的滚动条至出现碳元素为止，如图 3-74 所示。

其中【VDW】栏即为原子的范德瓦耳斯半径。读者可以找出 F、Cl、Br、I 的范德瓦耳斯半径，并找出变化规律。

图 3-74　查找烷烃中碳原子的范德瓦耳斯半径

（2）观察分子的大小

① 建立苯的 3D 模型。

② 执行【View】/【Connolly Molecular】菜单命令，弹出【Connolly Molecular Surface】对话框，如图 3-75 所示。

【Surface Type】选项可以选择分子表面的显示类型，默认值为【Solid】，还可以选择【Wire Mesh】、【Dots】、【Translucent】等类型。选用后面这些类型时，分子表面是透明或半透明的，依然能看到原 3D 模型。

③ 将【Resolution】水平滑动块右移到头，其值为"100"。

④ 单击 Show Surface 按钮，即可显示苯分子的表面情况，如图 5-76 所示。

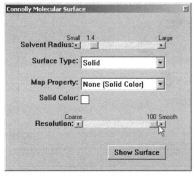

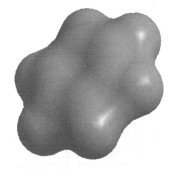

图 3-75　【Connolly Molecular Surface】对话框　　　图 3-76　苯分子的表面

（3）计算分子的体积

① 建立苯的 3D 模型。

② 执行【Analyze】/【Compute Properties】菜单命令，弹出【Compute Properties】对话框，如图 3-77 所示。

图 3-77 【Compute Properties】对话框

③ 在【Available Properties】选项框中，双击【Connolly Solvent-Excluded Volume [SEV] – ChemPropStd】选项，使之加入到下面的【Selected Properties】框中。

④ 单击 OK 按钮开始计算。计算最终结果显示在窗口下面的消息栏中。单击右侧的下拉按钮，可弹出消息窗口，如图 3-78 所示。

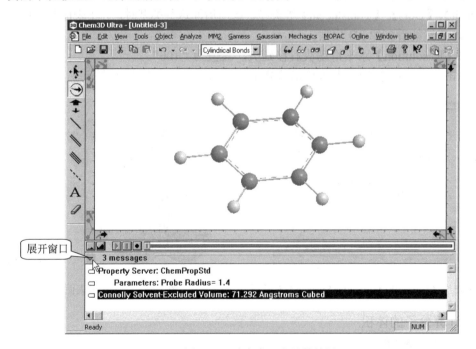

图 3-78 消息窗口和计算结果

计算结果表明，苯分子的溶剂占有体积为 0.071292 nm^3。

3.3.8 计算内旋转势能

C—C 单键在保持键角（$109°28'$）不变情况下是可以内旋转的，然而这种内旋转是受阻的，必须消耗一定能量以克服内旋转势垒。下面以 1,2-二氯乙烷为例计算其处于不同构象状态时势能的变化。

① 使用单键工具建立乙烷球棍模型。

② 使用 选取按钮，双击 C(1)上的 H(4)原子，在弹出的输入框中输入"Cl"，按回车键。

③ 双击 C(2)上的 H(8)原子，在弹出的输入框中输入"Cl"，按回车键。这样模型就变成了 1,2-二氯乙烷，两个 Cl 处于交叉位置。

④ 按 Ctrl + A 键全选模型，再执行【Tools】/【Clean Up Structure】菜单命令整理模型。

⑤ 执行【MM2】/【Minimize Energy】菜单命令，优化能量至最小值。最终得到的1,2-二氯乙烷模型如图 3-79 所示。

⑥ 执行【MM2】/【Compute Properties】菜单命令，弹出【Compute Properties】对话框，如图 3-80 所示。

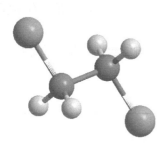

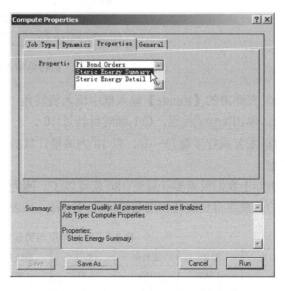

图 3-79　1,2-二氯乙烷模型　　　　　图 3-80　【Compute Properties】对话框

⑦ 单击 Run 按钮开始计算。

计算结果显示在窗口下面的消息栏上，应该能看到形如"Message #70 of 70: The Steric energy for frame 1: 3.384 kcal/mol"之类的消息说明，这里的"3.384 kcal/mol"即为旋转势能。读者可参照图 3-78 打开消息窗口查看消息详情。

⑧ 将计算得到的结果"3.384 kcal/mol"记录下来。

⑨ 使用 选取按钮单击 C(1)选中之，双击左上角的旋转按钮，如图 3-81 所示。

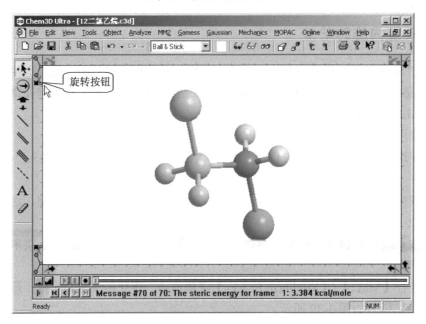

图 3-81　双击旋转按钮

图 3-82　旋转角输入框

⑩ 在弹出的【Rotate】输入框中输入旋转角"10"，如图 3-82 所示。

⑪ 单击 Rotate 按钮，C(1)顺时针转过 10°。

⑫ 重复执行步骤⑥～⑪，以 10°为增量计算势能直到 360°为止，记录所有角度和势能数据。

实际上我们只需要计算到 180°就可以了，因为之后的势能数据和前面的数据是对称分布的。最终得到旋转角度与势能的对照表，如表 3-1 所示。

表 3-1　旋转角度与势能的对照表

旋转角	势能	旋转角	势能	旋转角	势能	旋转角	势能
0	3.384	100	5.817	200	13.199	300	8.740
10	3.758	110	5.306	210	10.828	310	8.297
20	4.704	120	5.515	220	8.451	320	7.298
30	5.991	130	6.538	230	6.538	330	5.991
40	7.298	140	8.451	240	5.515	340	4.704
50	8.297	150	10.828	250	5.306	350	3.758
60	8.740	160	13.199	260	5.817	360	3.384
70	8.538	170	14.938	270	6.765		
80	7.792	180	15.520	280	7.792		
90	6.765	190	14.938	290	8.538		

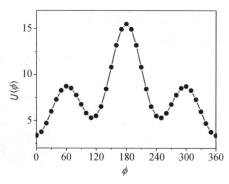

图 3-83　1,2-二氯乙烷旋转势能

⑬ 在 Origin 中绘制出势能对旋转角度的关系图，如图 3-83 所示。

3.3.9　Huckel 分子轨道

① 使用双键工具建立乙烯 3D 球棍模型。

② 执行【Analyze】/【Extended Huckel Surfaces】菜单命令。

③ 执行【View】/【Molecular Orbitals】菜单命令，弹出【Molecular Orbital Surface】对话框，如图 3-84 所示。

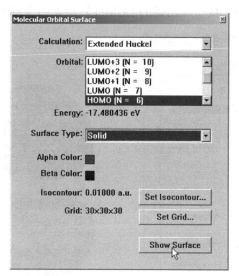

图 3-84　【Molecular Orbital Surface】对话框

在【Molecular Orbital Surface】对话框中有如下几个选项：

● 【Obital】：默认选项为【HOMO】，另一个常用选项为【LUMO】。

● 【Surface Type】：这里有 4 个选项，即【Solid】、【Wire Mesk】、【Dots】和【Translucent】。默认选项为【Solid】，若想同时看到 3D 模型，可以选用【Translucent】。

● Set Grid... 按钮：Grid（栅格）默认值为 "30"。单击此按钮弹出【Grid Settings】对话框，如图 3-85 所示。

拖动滑块改变 Grid 值。Grid 值越高，精度越高，运算量也就越大。

④ 单击 Set Grid... 按钮，将 Grid 值设为"60"，单击 OK 按钮。

⑤ 单击 Show Surface 按钮，Chem3D 显示乙烯的 HOMO 轨道，如图 3-86 所示。

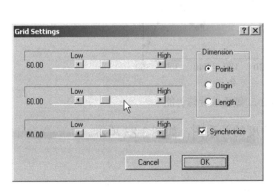

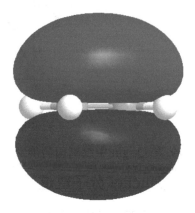

图 3-85 【Grid Settings】对话框   图 3-86 乙烯的 HOMO 轨道

⑥ 在【Molecular Orbital Surface】对话框的【Orbital】选项中选择【LUMO[N= 7]】，如图 3-87 所示。

⑦ 单击 Show Surface 按钮，乙烯的 LUMO 轨道如图 3-88 所示。

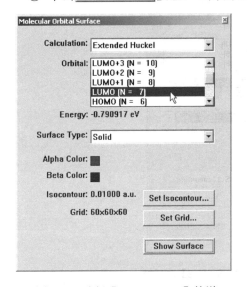

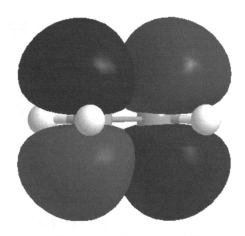

图 3-87 选择【LUMO[N= 7]】轨道   图 3-88 乙烯的 LUMO 轨道

3.3.10 MOPAC 量子力学计算

Chem3D Ultra 版包括了一个半经验量子化学计算程序 MOPAC 97，下面我们用其中的 PM3 半经验式计算三卤化磷键长和键角，并比较它们的变化。

三卤化磷 MOPAC 量化计算的操作步骤如下：

① 使用 ＼ 单键工具建立乙烷模型。

② 使用 ☆ 选取工具，双击 C(1)，在弹出的输入框中输入"P"后按回车键。

③ 双击 C(2)，在弹出的输入框中输入"F"后按回车键。

④ 将剩下的两个氢原子也改成"F"，这样就建立了 PF$_3$（三氟化磷）的 3D 模型，如图 3-89 所示。

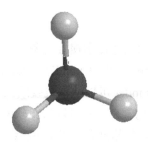

图 3-89　PF$_3$（三氟化磷）的 3D 模型

⑤ 执行【MOPAC】/【Minimize Energy】菜单命令，在弹出的【Minimize Energy】对话框中，单击【Theory】选项卡，见图 3-90。

⑥ 在【Method】选项框中选择【PM3】，单击 Run 按钮开始计算。运算结果显示在下端的消息窗口中。

⑦ 执行【Analyze】/【Show Measurements】/【Show Bond Angles】菜单命令。PF$_3$ 的键长与键角显示在右侧新分裂出来的窗口中，如图 3-91 所示。

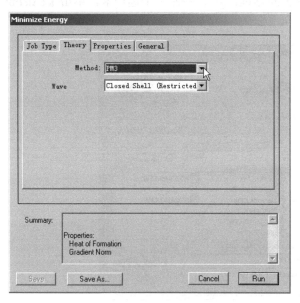

图 3-90　使用【PM3】方法最小化能量　　　　图 3-91　PF$_3$ 的键长与键角

⑧ 以同样的方法建立 PCl$_3$、PBr$_3$ 及 PI$_3$ 模型并优化之。

⑨ 比较三卤化磷的键长与键角的变化。

3.4 ChemFinder

本节我们简介 ChemFinder 及其用法，首先简介 ChemFinder。

3.4.1 ChemFinder 简介

ChemFinder 是一个智能型的快速化学搜寻引擎，所提供的 ChemInfo 是目前世界上最丰富的数据库之一，包含 ChemACX、ChemINDEX、ChemRXN、ChemMSDX 等，并不断有新的数据库加入。ChemFinder 可以从本机或网上搜寻 Word、Excel、Powerpoint、ChemDraw、ISIS 格式的分子结构文件，还可以与微软的 Excel 结合。可连接的关系式数据库包括 Oracle 及 Access，输入的格式包括 ChemDraw、MDL ISIS SD 及 RD 文件等。

3.4.2 根据结构式检索

ChemFinder 自带多个数据库，其数据库文件扩展名为 "sfw"。这些数据库文件默认存放在 "C:\Program Files\CambridgeSoft\ChemOffice 2004\ChemFinder\Samples" 文件夹中。下面示例如何在库中查找相关资料。

① 在 Windows 桌面上执行【开始】/【程序】/【ChemOffice 2004】/【ChemFinder Ultra 8.0】命令，启动 ChemFinder。

② 首先打开的是【ChemFinder】对话框，其中包括 3 个选项卡，单击【Existing】选项卡，如图 3-92 所示。

图 3-92 【ChemFinder】对话框之【Existing】选项卡

③ 单击选中 "CS_DEMO.CFW" 数据库，单击 打开⑩ 按钮，结果如图 3-93 所示。

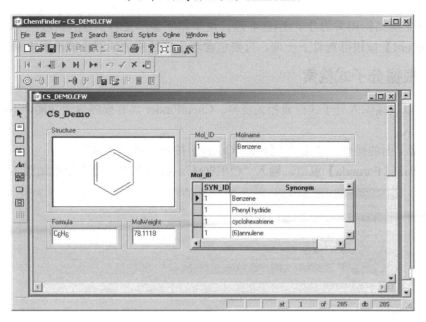

图 3-93　打开"CS_DEMO.CFW"数据库文件

在【Structure】输入框中已经有了一个苯环结构，这是该数据库的一个结构。【Formula】显示其分子式为"C6H6"，【MolWeight】显示其分子量为"78.1118"，【Molname】显示的是其英文文件名称"Benzene"，【Mol_ID】显示苯的所有别名。

④ 单击 ◎【Enter Query】按钮清空各窗口。

⑤ 双击【Structure】窗口，出现 Chemdraw 绘制分子式的工具栏【Tools】。对于这个工具栏我们并不陌生，前面介绍 Chemdraw 用法时曾大量使用过。

⑥ 用 ChemDraw 的【Tools】工具绘制环丁烷，单击 ⏺【Find】按钮查找，结果如图 3-94 所示。

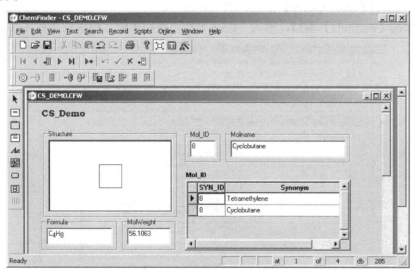

图 3-94　检索【环丁烷】结构

与环丁烷结构相关的分子还有 4 项，这个数字显示在右下方的状态栏中。单击 ▶ 【Next Record】按钮可查看下一项，只要包含环丁烷结构的项都会被检索出来。

3.4.3 根据分子式检索

还可以直接输入分子式检索相关资料。ChemFinder 具有模糊检索功能，不必输入精确的分子式。

① 接上面的操作。单击 ◎ 【Enter Query】按钮，清空各窗口。

② 单击【Formula】窗口，输入 "C9H8O4"，按回车键，检索结果如图 3-95 所示。

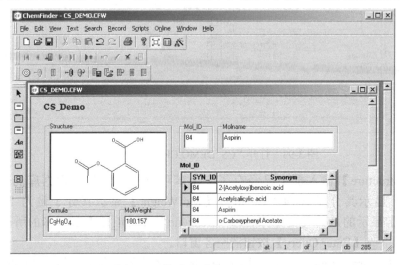

图 3-95 检索分子式 "C9H8O4"

这就是阿司匹林，在 "CS_DEMO.CFW" 数据库中，与 "C9H8O4" 相关的分子只有这一种。如果检索 "C6H6"，可以得到 9 个相关分子。下面进行模糊检索。

③ 单击 ◎ 【Enter Query】按钮，清空各窗口。

④ 单击【Formula】窗口，输入 "C5-6 N2"，按回车键，检索结果如图 3-96 所示。

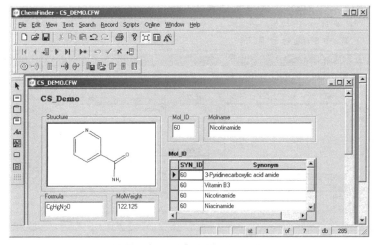

图 3-96 检索分子式 "C5-6 N2"

与 "C5-6 N2" 分子式相关的结构有 7 项，可单击 ▶【Next Record】按钮逐项查看，也可以列表查看。

⑤ 单击 ▦【Switch to Table】按钮，显示窗口变成列表，如图 3-97 所示。

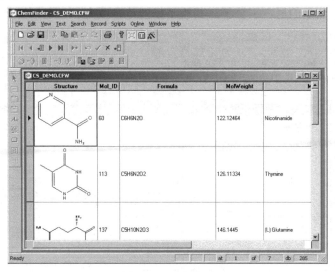

图 3-97　列表查看

⑥ 再次单击 ▦ 按钮，显示窗口回复从前的样子。

3.4.4　根据化学名称检索

可以直接输入化学名（英文名）检索相关资料。ChemFinder 具有模糊检索功能，检索化学名时可用通配符表示不清楚的字符，用户再也不必为分子的名称怎么拼写而发愁了。在下面的例子中我们要查找尼古丁的分子式，但记不得准确的英文名了，但 "nico" 这几个字符是肯定有的。

① 接上面的操作。单击 ◎【Enter Query】按钮，清空各窗口。

② 单击【MolName】窗口，输入 "*nico*"，按回车键，检索结果如图 3-98 所示。

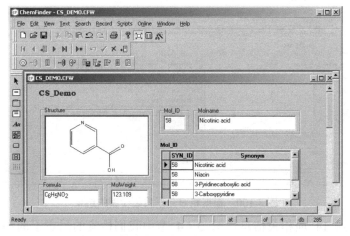

图 3-98　检索英文名包含 "nico" 的分子

虽然若干个检索结果的英文名字中也包括"nico",但显然这不是我们要找的分子。请注意相关信息共找到 4 项,尼古丁没准在后面呢。

③ 单击 ▶【Next Record】按钮,果然显示出尼古丁分子及相关信息,如图 3-99 所示。这就是大名鼎鼎的尼古丁分子,其貌不扬但危害巨大。

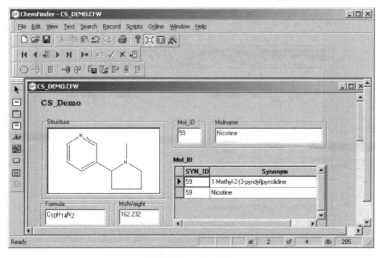

图 3-99　尼古丁分子

3.4.5　根据相对分子质量检索

可以直接输入相对分子质量来检索相关分子。相对分子质量也可以模糊检索,只要大致确定一个范围就行了。

① 接上面的操作。单击 ◎【Enter Query】按钮,清空各窗口。

② 单击【MolWeight】窗口,输入"160-170",按回车键,检索结果如图 3-100 所示。

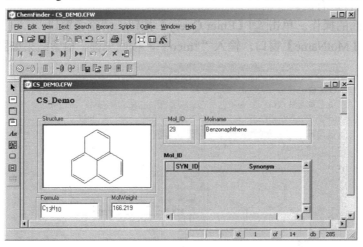

图 3-100　根据相对分子质量检索的结果

这里共找到 14 项相关信息。第 3.4.4 节中我们检索的尼古丁的相对分子质量为162.232,就是其中第 3 项。邻苯二甲酸(相对分子质量为"166.131")是其中第 4 项。

3.4.6 使用化学反应数据库

现在我们打开化学反应数据库"ISICCRsm.CFW"检索化学反应。这个数据库文件默认存放在"C:\Program Files\CambridgeSoft\ChemOffice 2004\ChemFinder\Samples"文件夹中。

① 执行【File】/【Open】菜单命令，弹出【Open】对话框，如图 3-101 所示。

图 3-101　选择【ISICCRsm.CFW】数据库

② 查找到"ISICCRsm.CFW"数据库，单击选中之，单击 打开(O) 按钮，"ISICCRsm.CFW"数据库的主界面如图 3-102 所示。

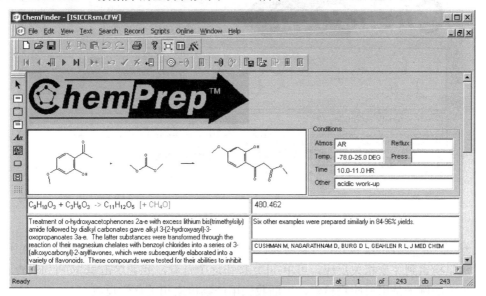

图 3-102　"ISICCRsm.CFW"数据库

图中画有结构式的就是化学反应窗口，可以在这里绘出结构式进行检索。

③ 单击 【Enter Query】按钮，清空各窗口。

④ 双击化学反应窗口，ChemFinder 自动启动 ChemDraw 并打开绘图工具栏。

⑤ 用 ChemDraw 画出卤代苯分子和一个反应箭头，关闭 ChemDraw 窗口，卤代苯分子自动进入化学反应窗口，如图 3-103 所示。

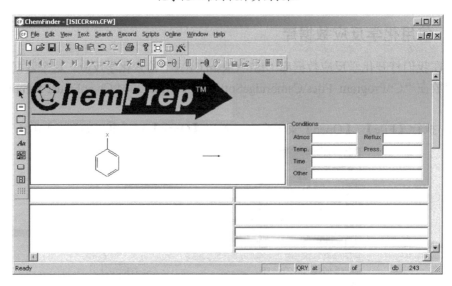

图 3-103 绘制卤代苯分子

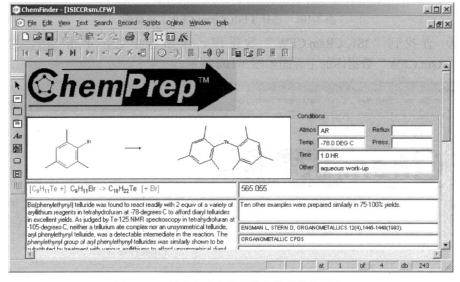

图 3-104 检索与卤代苯结构相关的化学反应

⑥ 单击【Find】按钮，检索与卤代苯结构相关的化学反应，结果如图 3-104 所示。这里检索到 4 个相关反应，可单击 ▶ 按钮逐个查看，或者单击 按钮列表查看。上面的例子是用反应物检索，下面我们用产物检索相关化学反应。

⑦ 单击【Enter Query】按钮，清空各窗口。

⑧ 双击化学反应窗口，ChemFinder 自动启动 ChemDraw 并打开绘图工具栏。

⑨ 用 ChemDraw 画出一个反应箭头和一个卤代苯分子，关闭 ChemDraw 窗口，卤代苯分子自动进入化学反应窗口，如图 3-105 所示。

⑩ 单击【Find】按钮，检索产物与卤代苯结构相关的化学反应，结果如图 3-106 所示。

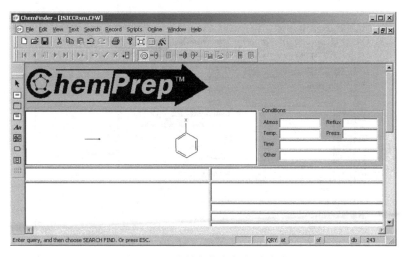

图 3-105　绘制产物卤代苯结构式

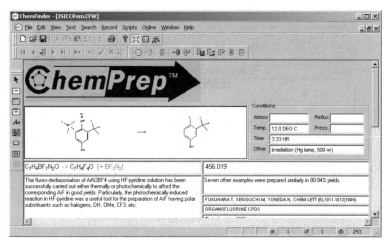

图 3-106　检索产物中包括卤代苯的化学反应

这里只找到一个相关反应,产物中包含有指定的卤代苯结构。

ChemFinder 提供的数据库有很多个,我们只试用了其中几个。实际使用时读者不妨多检索几个库。

3.4.7　查找免费网络资源

如果注意观察,会发现 ChemFinder 菜单栏上有一个【Online】菜单,可以在线查找化学信息。【Online】菜单命令如图 3-107 所示。

例如,我们在 "CS_DEMO.CFW" 数据库中查找到一些有关苯的信息,想进一步了解苯的物理性质,可执行【Online】/【Find Information on ChemFinder.Com】菜单命令,ChemFinder 会自动启动 IE,并打开 www.chemfinder.com 网站查找有关苯的信息。该网站提供了大量的化学信息,我们当然也可直接用 IE 浏览查找。但将网址整合在 ChemFinder 中比较方便,特别是当查找的分子结构式较为复杂的时候尤其方便。检索结果如图 3-108 所示。

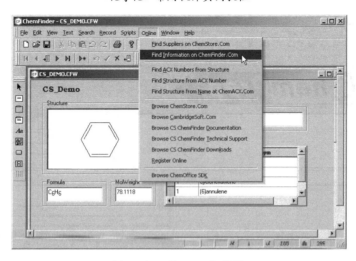

图 3-107 【Online】菜单

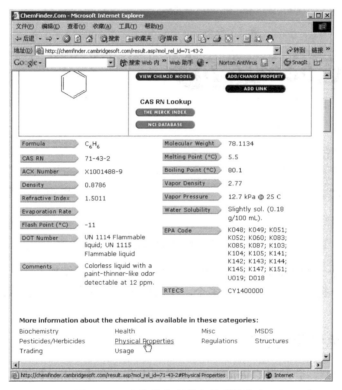

图 3-108 在线检索到的有关苯的信息

查找到的信息很多,上图只展示了一部分,可移动右侧滚动条查看,或单击分类超链接向下跳转。

单击【Physical Properties】超链接(图 3-108 鼠标所指之处),页面向下跳至【Physical Properties】处,如图 3-109 所示。

单击【NIST Chemistry WebBook—Information about this particular compound】超链

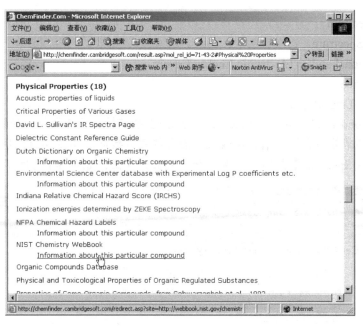

图 3-109　打开【NIST】网络化学数据库

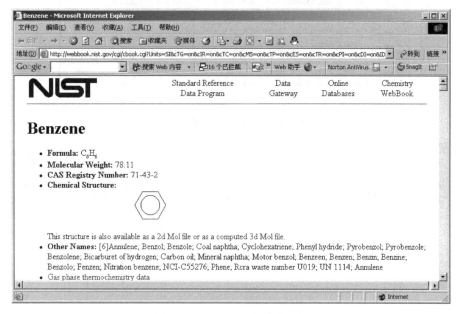

图 3-110　【NIST】的检索结果

接，弹出新 IE 窗口连接到网络化学主页并检索出相关结果，如图 3-110 所示。

NIST 提供了许多有关苯的资料，例如：

- Gas phase thermochemistry data
- Condensed phase thermochemistry data
- Phase change data
- Reaction thermochemistry data (reactions 1 to 50)

- IR Spectrum
- Mass Spectrum
- Vibrational and/or Electronic Energy Levels
- References
- Notes / Error Report

单击【Condensed phase thermochemistry data】超链接，跳转至苯的凝聚态物理数据，这里可以查到苯的液态生成焓、生成熵、液态热容等数据，如图 3-111 所示。

单击【IR Spectrum】超链接，跳转至苯的红外光谱，如图 3-112 所示。

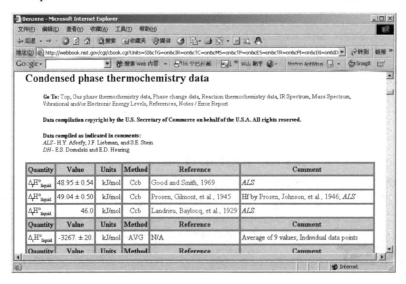

图 3-111　苯的凝聚态物理数据

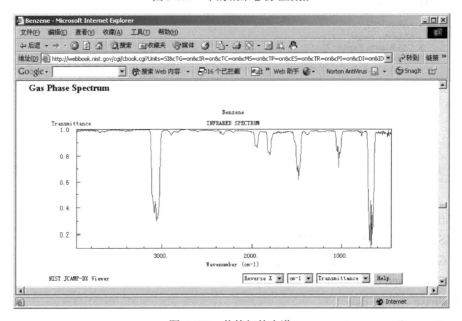

图 3-112　苯的红外光谱

此外还可以得到质谱、紫外可见等分析光谱的多种资料。NIST 还提供了与苯相关的参考文献，单击【References】超链接可跳转到参考文献部分，读者可选择感兴趣的文献作深入研究。

3.5　小结

本章简介了 ChemOffice 的组成和用法。重点在掌握 ChemDraw 的软件上，ChemDraw 是 ChemOffice 中最为常用的部分。Chem3D 为我们提供了绘制三维分子式的方法，并提供了一定的量子化学计算能力。本章最后介绍了 ChemFinder，它既可以在本地查找数据库，也可以联机查找相关信息，使用起来十分方便。

第4章 数据处理软件 Origin

随着科学技术的进步，化学工作者需要处理越来越多的实验数据，也需要掌握越来越多的数据处理方法，如对数据进行筛选、平滑、滤波、微分、积分，线性回归、非线性拟合等。同时还需要绘制各种各样的图形，如二维、三维数据图形等。各种仪器分析数据处理，如红外光谱、紫外-可见光谱、X 射线衍射、核磁共振数据等，也需要进行绘图、分析、比较，并将其加工成为文本的一部分。从前，处理数据与绘图要靠编程实现，对使用者的编程水平要求较高，因而难以普及。本章介绍的 Origin 是一个功能强大又相当易学、易用的科学数据处理软件，即使没有任何编程基础的使用者，掌握它也可以获得相当专业化的数据处理效果。

Origin 是美国 Microcal 公司出的数据分析和绘图软件，在各国科技工作者中使用较为普遍，目前最高版本为 7.5。考虑到多数读者还在使用 7.0 版，因此本章以 7.0 版为基础介绍该软件。

Origin 拥有两大功能，即数据分析和绘图。化学中的数据处理多种多样，Origin 可以根据需要对实验数据进行排序、调整、统计分析、傅里叶变换、t-试验、线性及非线性拟合等。Origin 提供了几十种二维和三维绘图模板，而且允许读者自己定制绘图模板，绘制二维及三维图形如：散点图、条形图、折线图、饼图、面积图、曲面图、等高线图等。读者还可以自定义数学函数，可以和各种数据库软件、办公软件、图像处理软件等方便地链接。有编程基础的读者还可以用内置的 Origin C 语言编程，从而实现更为高级的数据分析与绘图功能。

本章所用原始数据可在化学工业出版社官方网站免费下载（具体网址是 http://download.cip.com.cn/）。

4.1 Origin 7.0 界面

和 Word 一样，Origin 也拥有一个多文档界面，它将所有工作都保存在后缀为 ".opj" 的工程文件中。一个工程文件可以包括多个子窗口，可以是工作表窗口、绘图窗口、函数图窗口、矩阵窗口、版面设计窗口等。一个工程文件中各窗口相互关联，可以实现数据适时更新，即如果工作表中数据被改动之后，其变化能立即反映到其他各窗口。保存文件时，各子窗口也随之一起存盘，然而，正因为它功能强大，其菜单界面也就较为繁复，且当前激活的子窗口类型也较多。

4.1.1 主界面

Origin 7.0 的主界面较为复杂，如图 4-1 所示。

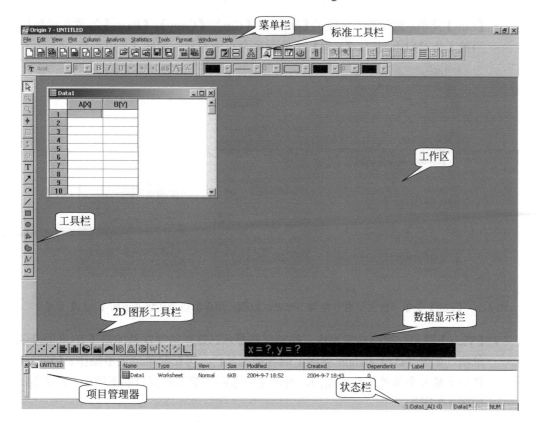

图 4-1　Origin 7.0 主界面

Origin 7.0 主界面包括以下几个部分：

- 菜单栏：Origin 所有功能都可以在菜单中找到。
- 工具栏：工具栏有多种，Origin 会将最常用的工具栏显示出来，要显示其他工具栏，需要在【View】菜单中将其打开。
- 绘图区：所有工作表、绘图子窗口等均在此。
- 项目管理器：类似 Windows 的资源管理器，管理 Origin 项目的各组成部分，可以方便地在各窗口间切换。
- 状态栏：标出当前的工作内容以及鼠标指到某些菜单按钮时的说明。

4.1.2　菜单栏

Origin 菜单栏并非一成不变的，而是随着当前激活窗口的不同而不同。激活工作表窗口、绘图窗口及矩阵窗口，Origin 的菜单栏会相应地发生改变。有些菜单名字相同，但其中的菜单项却大不相同。如果读者找不到实例中所述的菜单项，请检查一下是否当前激活窗口弄错了。

Origin 菜单自左至右简述如下：

- 【File】菜单：文件操作，如打开、关闭、存储、打印文件等。

- 【Edit】菜单：编辑操作，除了【Undo】、【Cut】、【Copy】、【Paste】等常见操作外，当前工作窗口不同时，【Edit】菜单项也会有所差异，如图4-2所示。

图4-2　【Edit】菜单（自左至右分别为工作表、绘图、矩阵窗口激活状态下的【Edit】菜单）

- 【View】菜单：视图功能操作，控制屏幕显示。这里需要注意的是【Toolbars】菜单项，如果要改变 Origin 界面上的各种工具栏，可在此菜单项中操作。【View】菜单上部 8 个菜单项基本相同，其他菜单项随当前工作窗口的不同而有所差异，如图4-3所示。

图4-3　【View】菜单（自左至右分别为工作表、绘图、矩阵窗口激活状态下的【View】菜单）

- 【Plot】菜单：绘图操作。当前激活窗口为工作表和矩阵窗口时才会出现此菜单，且两种状态下的菜单又有所不同，如图4-4所示。

这两个菜单分别提供 2D（二维）和 3D（三维）绘图功能。在 2D 绘图中包括直线、散点、直线加符号、特殊线/符号、直方图、饼图、气泡/彩色映射图、统计图和图形版面布局等绘图方式，还包括面积图、极坐标图和向量等。最下端的菜单项是【Template Library】（模板库），可将工作表中的数据用选定的模板绘制出来。在 3D 绘图中包括色彩填充表面图、3D 柱形图、3D 网线表面等绘图方式。

图 4-4　【Plot】菜单（自左至右分别为工作表、矩阵窗口激活状态下的【Plot】菜单）

若当前激活窗口为绘图窗口，则不会有【Plot】菜单，取而代之的是【Graph】菜单。

- 【Graph】菜单：图形操作，主要功能包括添加图形到某绘图层、添加误差栏、添加函数图、缩放坐标轴、交换 X 轴、交换 Y 轴等，如图 4-5 所示。
- 【Column】菜单：列功能操作，可以进行列的属性设置、增加删除列、计算某列数值等操作，如图 4-6 所示。

图 4-5　【Graph】菜单（绘图窗口为
　　　　当前窗口时出现）　　　　　　图 4-6　【Colume】菜单（工作表窗
　　　　　　　　　　　　　　　　　　　　　　口为当前窗口时出现）

若当前激活窗口为绘图窗口，则不会有【Colume】菜单，取而代之的是【Data】菜单，用来操作图形中的数据。若当前激活窗口为矩阵窗口，则相应的是【Matrix】菜单，用来设置矩阵属性，进行矩阵维数和数值、矩阵转置和取反、矩阵扩展和收缩、矩阵平滑和积分等操作。【Data】菜单和【Matrix】菜单如图 4-7 所示。

图 4-7　【Data】菜单和【Matrix】菜单

- 【Analysis】菜单：工作表窗口或绘图窗口激活时，才有这个菜单。两种状态下的激活菜单内容大不相同，如图 4-8 所示。

图 4-8　【Analysis】菜单（自左至右分别为工作表、绘图窗口激活状态下的【Analysis】菜单）

对工作表窗口来说，【Analysis】菜单项可以完成工作表数据的提取、行列统计、排序、数据归一化、数字信号处理（快速傅里叶变换 FFT、相关 Corelate、卷积 Convolute、解卷 Deconvolute）、非线性曲线拟合等操作。

对绘图窗口来说，【Analysis】菜单项可以完成数学运算、数据平滑、滤波、微积分、多条曲线平均、插值、FFT、线性拟合、多项式拟合、指数衰减、指数增长、高斯拟合、多重峰拟合、非线性曲线等操作。

- 【Statistics】菜单：这是工作表窗口所特有的菜单，用来做各种数据统计，包括描述统计、t-检验、方差分析、多元回归、存活率分析等，如图 4-9 所示。

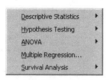

图 4-9　【Statistics】菜单（工作表窗口为当前窗口时出现）

- 【Image】菜单：这是矩阵窗口所特有的菜单，包括将位图转换成灰度＋数据显示方式、调整矩阵亮度、对比度、调整显示模式等功能，如图 4-10 所示。

图 4-10　【Image】菜单（矩阵窗口为当前窗口时出现）

- 【Tools】菜单：不同激活窗口下，【Tools】菜单项各不相同，如图 4-11 所示。

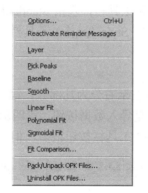

图 4-11　【Tools】菜单（自左至右分别为工作表、绘图、矩阵窗口激活状态下的【Tools】菜单）

对工作表窗口而言，【Tools】菜单包括选项控制、工作表脚本、线性、多项式和 S 曲线拟合等功能。

对绘图窗口而言，【Tools】菜单包括选项控制、层控制、提取峰值、基线、平滑、线性拟合、多项式拟合、S 曲线拟合等功能。

对矩阵窗口而言，【Tools】菜单包括选项控制、打包/接包、显示工具栏工具等功能。

- 【Format】菜单：这个菜单的功能因不同活动窗口而异，如图 4-12 所示。

对工作表窗口而言，【Format】菜单包括菜单格式控制、工作表显示控制、栅格捕捉、调色板等功能。

对绘图窗口而言，【Format】菜单包括菜单格式控制，图形页面、图层和线条样式控制，栅格捕捉，坐标轴样式控制和调色板等功能。

对矩阵窗口而言，【Format】菜单包括菜单格式控制、栅格捕捉、坐标轴样式控制和调色板等功能。

图 4-12　【Format】菜单（自左至右分别为工作表、绘图、矩阵窗口激活状态下的【Format】菜单）

- 【Window】菜单：控制窗口显示，可用此菜单在各窗口间切换。
- 【Help】菜单：用来提供各种在线帮助。

4.1.3　工具栏

多数情况下没必要打开菜单选用其中的功能，因为 Origin 已经把最常用的功能都摆在工具栏上了。Origin 默认显示多种工具栏，包括 Standard（标准）工具栏、Graph（绘图）工具栏、Format（格式）工具栏、Style（风格）工具栏、Tools（工具）栏、2D Graphs（2 维绘图）工具栏等。

a．Standard 工具栏

Standard 工具栏（图 4-13）自左至右分为几部分。第一部分是新建按钮，第二部分是打开、保存文件按钮，第三部分是导入数据按钮，第四部分是 Windows 常用按钮，第五部分是项目管理器按钮。Standard 工具栏按钮很多，但最常用的只有如下几个：

图 4-13　Standard 工具栏

- ▢（New Project）按钮：用来建立新项目。
- ▦（New Worksheet）按钮：用于在项目中新增一个工作表。
- ☞（Open）按钮：打开一个项目。
- ☞（Open Template）按钮：用于打开一个模板。
- ▦（Save Project）按钮：用于保存项目文件。
- ▦（Save Template）按钮：用于保存模板文件。
- ▦（Import ASCII）按钮：用于导入 ASCII 格式的数据文件。纯文本的数据文件可用此按钮导入至工作表中。
- ▨（Refresh）按钮：有时做删除操作时，图形上会留下一些痕迹，可用此按钮刷新图形。

b．Graph 工具栏

Graph 工具栏（图 4-14）上的常用按钮有如下几个：

图 4-14 Graph 工具栏

- ▣（Zoom In）按钮：用来放大图形。
- ▣（Zoom Out）按钮：用来缩小图形。
- ▣（Rescale）按钮：用来重新确定坐标范围。经过各种操作或增加新数据，有时坐标会变得太大或太小，虽然可以手工重新设定坐标范围，但用此按钮就可以一键完成，将所有数据囊括在一个合适的范围中。

c．Format 工具栏

Format 工具栏较为常用，用来决定图中的字体、字号、字形、上标、下标、上下标、希腊字符等。Format 工具栏如图 4-15 所示。

图 4-15 Format 工具栏

d．Style 工具栏

Style 工具栏用来编辑线条、箭头、方框、椭圆、多边形等线条颜色、类型和线条粗细，还可用来改变方框、椭圆、多边形的网格线、背景颜色等。Style 工具栏如图 4-16 所示。

图 4-16 Style 工具栏

e．3D Rotation 工具栏

3D Rotation 工具栏平时是不出现的，只有在绘制三维图形时才会自动出现，用以旋转 3D 图形至最佳观察状态。3D Rotation 工具栏如图 4-17 所示。

图 4-17 3D Rotation 工具栏

f．Tools 工具栏

Tools 工具栏也是一个常用工具栏，如图 4-18 所示。

图 4-18 Tools 工具栏

Tools 工具栏常用按钮有如下几个：

- ▣（Pointer）按钮：鼠标指针按钮，这是 Origin 默认的状态。
- ▣（Screen Reader）按钮：用来读取屏幕上任意一点的坐标。

• 117 •

- ⊞（Data Reader）按钮：用来读取某数据点的坐标。
- ⁑（Data Selector）按钮：选取特定数据点。
- T（Text Tool）按钮：在图中增加文字说明，这是最为常用的工具之一。
- ↗（Arrow Tool）按钮：在图中绘制箭头。
- ╱（Line Tool）按钮：在图中画直线。

默认状态下，Tools 工具栏是在窗口左边竖直排列的，这里为排版方便起见，将 Tools 工具栏移动成水平排列方式。和 Tools 工具栏一样，Origin 所有的工具栏都可以随意移动。

g．2D Graphs 工具栏

由于大量图形都是二维的，因此 2D Graphs 工具栏（图 4-19）是最常用的绘图工具栏，用来将工作表中选中的数据分别绘制成直线、散点、点连线、直方图、饼图等形式。

图 4-19　2D Graphs 工具栏

这里简介的是 Origin 默认工具栏，若要关闭某工具栏或显示其他工具栏，可以在【View】/【ToolBars】菜单命令中执行相应操作。

4.2　Worksheet 窗口

当 Origin 启动或建立一个新的工程文件时，会默认打开一个名字为【Data1】的 Worksheet（工作表）窗口，如图 4-20 所示。

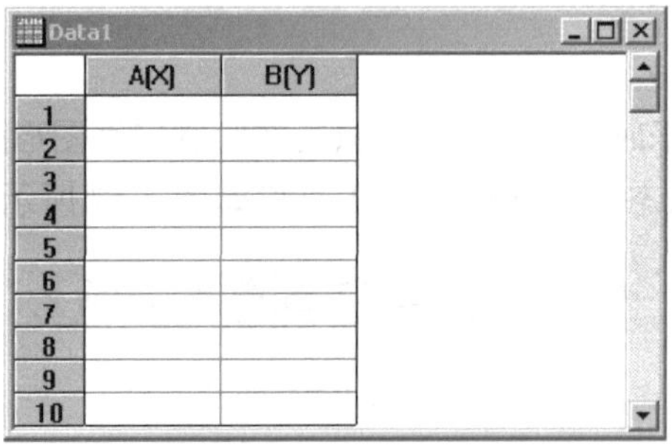

图 4-20　Worksheet 窗口

如果项目中所用的 Worksheet 窗口很多，那么将各窗口的标题命名为易于判读的名字是很有必要的。在【Data1】窗口的标题栏上单击右键，在弹出的快捷菜单中选择【Rename】菜单项可以进行标题的修改。

默认的 Worksheet 窗口分为两列：A(X)和 B(Y)，分别代表自变量和因变量。A 和 B 是列名称（Column Name），因变量列的名称会出现在图例中，因此合适的列名称可以有助于理解图形。可以双击列名称进行更改，或者在列名称上单击右键，在弹出的快捷菜单中选择【Properties】项进行列名称的更改。

4.2.1　自键盘输入数据

读者可以在 Worksheet 窗口中直接输入数据，使用光标键、Tab 键或鼠标移动插入点，逐个输入数据。

某一数据输入完成后，若按回车键，则光标跳到同列的下一行；若按 Tab 键，则插入点会横向移动至下一列；若插入点已经在最后一列，则会移动到第一列的下一行。灵活运用 Tab 键或回车键，可以快速输入数据。

4.2.2　自文件导入数据

Origin 可以从外部文件导入数据。目前联机的分析仪器越来越多，测试结果不仅可以现场在纸张上绘制图形，还可以将数据保存在磁盘上以备日后分析研究。如测试红外光谱，会得到一个波数与吸光度之间的数据文件，这些数据文件多数是以文本形式（ASCII）存放的。

导入 ASCII 数据的操作步骤如下：

① 单击空白的 Worksheet 窗口标题栏，使之成为激活窗口。

② 单击 按钮，弹出【Import ASCII】对话框，如图 4-21 所示。

图 4-21　【Import ASCII】对话框

③ 找到数据文件所在的文件夹。

④ 单击数据文件，单击 打开(O) 按钮将数据导入 Worksheet 窗口。

Origin 默认的 ASCII 数据文件扩展名为 DAT、TXT 和 CSV，若数据文件不是这 3 个扩展名，则需要在【文件类型】中选择全部文件类型（*.*）。

此外也可以使用【File】/【Import】菜单命令导入数据。Origin 不仅可以导入文本型数据文件，还可以导入 XLS（Excel）、DBF（Dbase）等类型的文件，甚至可以导入声音文件（WAV），Origin 可以分析这个声音文件并绘出其声波的波形图。有兴趣的读者可以使用【File】/【Import】/【Sound（WAV）】菜单命令导入声音文件"Windows 启动时奏幻想空间.WAV"，对于使用 Windows 2000 操作系统的读者来说，这个文件位于"C:\WINNT\Media"文件夹中。

若 Graph 窗口为激活窗口，则导入的数据会被 Origin 直接绘制为图形。

4.2.3 列操作

常用的列操作有增加新列、设置列的绘图属性、选择某一段数据以及排序等。

（1）增加新列

Origin 默认的工作表只有两列：A(X)和 B(Y)。但有时我们需要处理多列数据，或者虽然导入的数据是两列，但这两列数据并不能直接使用，必须进行一些运算处理之后才能绘图。这类情况下都需要在工作表中增加新列。

① 在工作表空白区域单击鼠标右键，弹出快捷菜单，如图 4-22 所示。

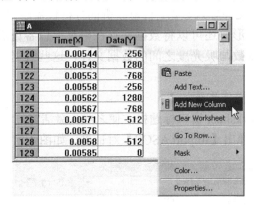

图 4-22　增加新列

② 单击【Add New Column】菜单命令，在工作表中加入新列。

也可以使用【Column】/【Add New Column】菜单命令在工作表中加入新列。

（2）设置列的绘图属性

工作表中列的绘图属性有几种，如 X、Y、Z，分别表示这些数据绘图时的坐标轴属性。

① 在列名称上单击鼠标右键，弹出快捷菜单，如图 4-23 所示。

② 单击【Set As】菜单命令，在其右侧的子菜单中单击【Z】菜单项，这样就将该列设置为 Z 轴数据。

也可以使用【Column】/【Set as】/【Z】菜单命令来设定 Z 轴数据。

列的属性还有其他几种：Label（标签）、Disregard（无关列）、X Error（X 误差）、Y Error（Y 误差）等。

（3）选择某一段数据

有时我们只需要绘制某段数据，这时就需要在工作表中设置起始行和终止行，起始行和终止行之外的数据会被清除。

① 在工作表某行的行号上单击鼠标右键，该行被选中，同时弹出快捷菜单，如图 4-24 所示。

② 选择【Set as Begin】菜单命令，该行号前的数据被自动清除。

③ 用同样方法设定终止行。

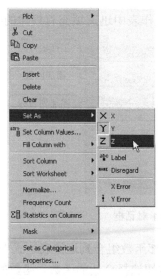

图 4-23　设置列的绘图属性　　　　　　图 4-24　设置起始行

也可以使用【Edit】/【Set As Begin】菜单命令或【Edit】/【Set As End】菜单命令来设定起始行或终止行，这样可以只绘出某一段数据。

（4）排序

Origin 可以对列或整个工作表进行排序。

① 在列名称上单击鼠标右键，弹出快捷菜单。

② 选择【Sort Column】/【Ascending】菜单命令，对该列进行升序排序。

若要将数据降序排列，则应选择【Sort Column】/【Descending】菜单命令。

快捷菜单中还有一个【Sort Worksheet】菜单命令，是用来排序整个工作表的，Origin会以读者选中的那一列为主列来排序，其他各列的数据会随着主列数据相应移动。如果读者数据有许多列，且其中有相等的，则可以选用【Sort Worksheet】/【Custom】菜单命令来指定排序时各列的优先级。

4.2.4　数值计算

有时输入或导入的数据并不能直接用于绘图，需要做一些数值运算。下面我们以sin(*x*)在[0, 2π]间的数据为例，简介数值计算。

（1）计算 sin(*x*)的值

① 单击🗋按钮，新建一个 Origin 项目。

② 在工作表 A 列名称上单击鼠标右键，选中 A 栏并弹出快捷菜单。

③ 在快捷菜单中单击【Set Column Values】菜单项，弹出【Set Column Values】对话框，如图 4-25 所示。

【Set Column Values】对话框由以下几个部分组成：

- 工作表行号：默认的工作表行号是 1~30，共计 30 行数据。如果要计算的数据超过 30 行，可修改【to】后面的输入框中的数字。若仅计算某列中的一段数据，可在【For row】和【to】输入框中做相应修改。表示行号的变量为"*i*"，可以在表达式中直接引用。充分利用行号变量可以在工作表中迅速填充有规律的数据。

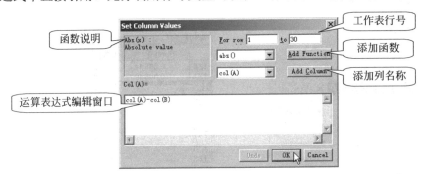

图 4-25 【Set Column Values】对话框

- <u>Add Function</u>（添加函数）按钮：用于将 Origin 内部函数组合到运算表达式中。Origin 给出了若干内部函数，可以单击其右侧的 ▼ 按钮选择合适的函数。函数的说明显示在对话框左上方。如果对内部函数足够熟悉，也可以直接在运算表达式编辑窗口中自键盘输入函数表达式，就不必在选项中查找了。化学化工数据处理中使用比较多的函数是指数函数和对数函数。

- <u>Add Column</u>（添加列名称）按钮：用于将列名称添加到表达式光标所在位置，可以单击 ▼ 按钮选择合适的列名称。也可以在运算表达式编辑窗口直接键入形如"col(A)"的列名称。

- 运算表达式编辑窗口：用来编辑运算表达式。

使用【Set Column Values】对话框不仅可以进行简单的加、减、乘、除运算，还可以使用 Origin 的内部函数进行复杂运算。Origin 默认的运算表达式为"col(A)–col(B)"，意思是用 A 列数据依次减去 B 列数据，将运算结果作为当前列数据。下面我们修改表达式，将 A 列填上【$0, 2\pi$】间的数据共计 361 个（即每度 1 个数据点）。

④ 在【For row】和【to】输入框中分别输入"1"和"361"。

⑤ 删除默认的运算表达式，输入"(i–1)*3.14159/180"，单击 OK 按钮。

这样我们就在 A 列输入间隔为 1° 的角度值，并把它换算成了弧度。下面我们计算 B 列的正弦值。

⑥ 在工作表 B 列名称上单击鼠标右键，选中 B 列并弹出快捷菜单。

⑦ 在快捷菜单中单击【Set Column Values】菜单项，弹出【Set Column Values】对话框。

⑧ 修改运算表达式，将"–col(B)"删除，仅保留"col(A)"并选中之。

⑨ 在函数选择框中单击 ▼ 按钮，选择正弦函数"sin( )"。

⑩ 单击 <u>Add Function</u> 按钮。

⑪ 单击 OK 按钮完成 B 列的运算。

这样我们就建立了弧度——正弦值数据表，以备绘图之用。

（2）数据归一化

有时实验数据需要做归一化处理，即将原始数据变成[0, 1]之间的数据。Origin 专门提供了数据的归一化功能。将数据输入或导入工作表之后，在该列名称上单击右键，在弹出的快捷菜单中单击【Normalizing】菜单项，出现数据归一化对话框，如图 4-26 所示。

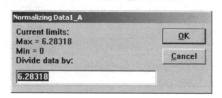

图 4-26　数据归一化对话框

Origin 会自动将该列的最大值填入【Divide data by】输入框，列中所有数据都除以最大值，自然就变成[0, 1]之间的数据了。

4.2.5　数据统计与筛选

以上面所做的 sin(x)数据为例，我们来做数据统计。

（1）数据统计

① 将鼠标移至 A 列名称上，鼠标箭头变成 ⬧ 形，拖动鼠标至 B 列名称，这样就选中了两列数据。

② 单击鼠标右键，弹出快捷菜单。

③ 在快捷菜单中单击【Statistics on Columns】菜单项，弹出数据统计窗口，如图 4-27 所示。

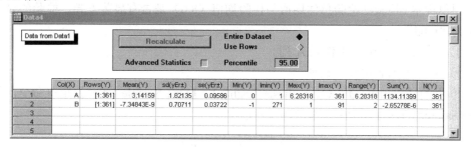

图 4-27　数据统计窗口

数据统计窗口中出现了选定各列数据的各项统计参数，包括平均值（Mean）、标准偏差（Standard Deviation，SD）、标准误差（Standard Error，SE）、总和（Sum）以及数据组数（N）等。

在数据统计窗口上方有个 Recalculate 按钮，当原始工作表中的数据改动以后，点一下这个按钮，就可以重新计算，从而得到更新过的统计数据。

若选中的是行而不是列，则快捷菜单项就变成了【Statics on Rows】，可以对行进行统计。

（2）数据提取

Origin 可以从工作表中提取符合一定条件的数据并把它们放入新工作表中。

① 执行【Analysis】/【Extract Worksheet Data】菜单命令，弹出【Extract Worksheet

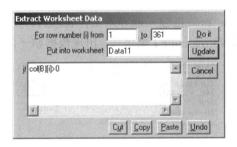

图 4-28 【Extract Worksheet Data】对话框

Data】对话框，如图 4-28 所示。

这里需要输入筛选数据的条件表达式。默认的表达式为 "col(B)[i]>0"，即将 B 列大于 "0" 的数据筛选出来，并放入名为 "Data11" 的工作表中。表达式中的下标[i]可以省略，直接使用 "col(B)>0" 也可。

② 单击 Do it 按钮，完成大于 "0" 的数据筛选。

（3）t 检验

为了判断一种分析方法、一种分析仪器、一种试剂以及某实验室或某人的操作等是否可靠，即是否存在系统误差，可以将所得样本的平均值与检验均值（标准值）作比较进行 t 检验。有关 t 检验的详细内容请参考相关书籍。

实例 1：用原子吸收法测定土壤中的砷含量，9 个样品的测定结果为(mg/kg)：7.76，8.96，8.82，10.98，8.58，7.79，8.20，9.18，9.52。

用单样本 t 检验法检验总体均值与检验均值（8.6）是否有显著差异。检验的显著性水平为 "0.05"。

① 将上述数据输入工作表 A 列。

② 单击 A 列名称选中此列。

③ 执行【Statistics】/【Hypothesis Testing】/【One Sample t-Test】菜单命令，弹出【One Sample t-Test】对话框，如图 4-29 所示。

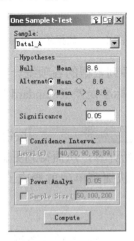

图 4-29 【One Sample t-Test】对话框

④ 在【Null Mean】输入框中输入要检测的平均值，如"8.6"。

⑤ 在【Signficance】输入框中输入显著性水平（[0, 1]之间），默认值为"0.05"。

⑥ 单击 Compute 按钮，计算结果出现在右下角的【Results Log】窗口中。

⑦ 将【Results Log】窗口拖出来并最大化，计算结果如图 4-30 所示。

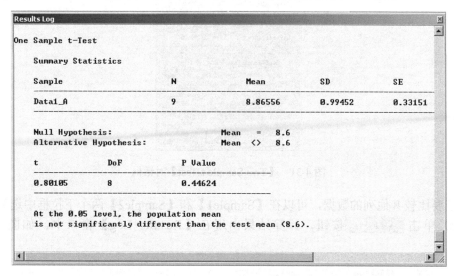

图 4-30　【Results Log】窗口

单样本 t-检验法表明，在显著性水平为"0.05"时，总体均值（population mean）与检验均值（test mean）并无明显差异。

进行 t-检验时，还可以设定置信度，用来判断所选数据在给定置信度下是否存在显著性差异。

在有限次测定中，随机误差带来的差异是难以避免的，有些差异可能并不显著。在定量分析中，常发现即使同一操作者用同一方法测定由同一总体抽取的样本，所得各样本的平均值也不相等。不同实验室、不同操作者，用不同方法进行测定，样本平均值的差别也许更大。这就需要对两组数据的均值进行双样本 t-检验。

实例 2。测定两种产品杂质含量（mg/kg），每种各测 5 次，得到的数据如表 4-1 所示。

表 4-1　两种产品杂质含量

测量次数	1	2	3	4	5
样品 A 含量/%	24	26	21	27	23
样品 B 含量/%	26	27	30	22	25

用 t-检验判断两组数据均值有否显著差异。检验的显著性水平为"0.05"。

① 将上述两组数据分别输入工作表 A 列和 B 列。

② 拖动鼠标自 A 列名称到 B 列名称，选中两列。

③ 执行【Statistics】/【Hypothesis Testing】/【Two Sample t-Test】菜单命令，弹出【Two Sample t-Test】对话框，如图 4-31 所示。

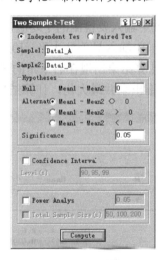

图 4-31 【Two Sample t-Test】对话框

若要比较其他列的数据，可以在【Sample1】和【Sample2】两个下拉框中选择。

④ 单击 Compute 按钮，计算结果出现在【Results Log】窗口中，如图 4-32 所示。

```
Results Log

Two Sample Independent t-Test

    Summary Statistics

    Sample                    N            Mean         SD           SE

    1. Data1_A                5            24.2         2.38747      1.06771
    2. Data1_B                5            26.2         3.03315      1.35647

    Difference of Means:                   -2

    Null Hypothesis:                       Mean1 - Mean2 =   0
    Alternative Hypothesis:                Mean1 - Mean2 <>  0

    t            DoF          P Value

    -1.15857     8            0.28005

    At the 0.05 level, the difference of the population means
    is not significantly different than the test difference (0).
```

图 4-32 【Results Log】窗口

检验结果表明，在显著性水平为"0.05"时，两个样本的均值并无明显差异。

4.3 Origin 绘图

根据数据绘制图形是 Orign 最重要的功能。Orign 可以制作的各种图形，包括直线图、散点图、向量图、直方图、饼图、区域图、极坐标图以及各种 3D 图表、统计用图表等。本节简介常用的 2D 绘图功能。

4.3.1　绘制最简单的 X-Y 图形

启动 Origin 或新建项目后，默认打开的工作表包括两列：A(X)、B(Y)。将数据按照
X、Y 坐标分别输入其中，即可绘制 X、Y 关系图。

例：有机污染物 TOC 值与吸光度 Absorbance 值之间的关系如表 4-2 所示。

表 4-2　TOC 值与吸光度 Absorbance 值之间的关系

TOC/(mg/L)	Absorbance
11.1	0.15
12.5	0.19
16.2	0.26
20.5	0.38
28.1	0.51
36.5	0.72

试以吸光度 A 值对 TOC 作图。

① 将上表中的数据分别输入工作表 A 列和 B 列。

② 双击 A 列名称，将其改为"TOC"。

③ 双击 B 列名称，将其改为"Absorbance"。

④ 选中 Absorbance 列，单击窗口下方 2D Graphs 工具栏中的 按钮，弹出【Graph1】
窗口，如图 4-33 所示。

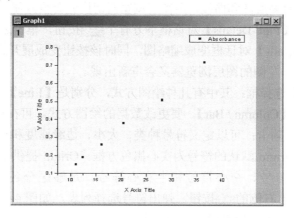

图 4-33　【Graph1】窗口

 按钮是用来绘制散点图（Scatter）的， 按钮是用来绘制符号连线图
（Line+Symbol）的，如果数据点十分密集，则可以采用 按钮绘制线图（Line）。以上
这 3 种绘图方式是最为常用的，此外 2D Graphs 绘图工具栏上还有直方图、饼图等绘图
按钮，可依具体情况选用。

4.3.2　定制图形

若已经绘制了散点图，后来又想改成点连线图或线图，此时不必重新绘图，只需单

击 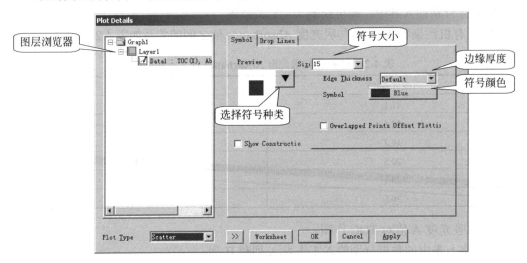 按钮或 ╱ 按钮即可更改为相应的绘图方式。更为复杂的定制过程，就需要打开【Plot Details】对话框了。

双击图上的任何一个数据点符号，弹出【Plot Details】对话框，如图 4-34 所示。

图 4-34 【Plot Details】对话框

首先简介一下【Plot Details】对话框。

- 图层浏览器：用来在各图层中切换。本例中只有一个图层一条曲线，若项目内容比较复杂，有多层图和曲线，用图层浏览器切换就会很方便。图层浏览器是可以关闭的，在【Plot Details】对话框下方有个 >> 按钮，单击之，图层浏览器会关闭，【Plot Details】对话框变成缩略图，同时该按钮变成展开详图的按钮 << ，单击这个按钮，左侧的图层浏览器又会重新出现。
- 【Plot Type】选择框：其中有几种绘图方式，分别是【Line】、【Scatter】、【Line + Symbol】和【Column / Bar】。要更改数据的绘图方式，可在这里作出选择。
- 【Symbol】选项卡：可以定义符号种类、大小、边缘厚度和符号颜色。
- 符号种类：Origin 默认的符号为实心黑色方框。Origin 提供了几十种符号，分为 3 类：实心符号、空心符号和半实心符号，足够区分各种复杂曲线了。单击【Preview】右侧的 ▼ 按钮，弹出符号选择列表，如图 4-35 所示。
- 【Size】下拉列表：用来确定符号的大小。
- 【Edge Thickness】下拉列表：用来设定空心符号的边缘厚度。
- Automatic 按钮：这里是用来设定实心符号颜色的，单击此按钮，在弹出的选项菜单中选择【Individual Color】菜单项，可为符号指定颜色，如图 4-36 所示。

若选用的是空心符号，则此按钮变成【Edge Color】（边缘颜色）设置按钮，下方出现【Fill Color】（填充颜色）设置按钮 Automatic ，可分别设定符号边缘颜色及内部填充颜色。需要提醒读者的是，如果绘制的图形用作投影机投影之用，请尽量选用与白色银幕对比强烈的深色绘制，不要采用浅色，否则投影不清晰。

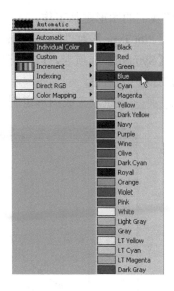

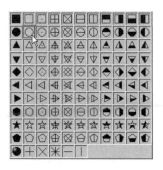

图 4-35　符号选择列表　　　图 4-36　【Individual Color】菜单项

- 【Drop Liness】选项卡：自数据点向坐标轴画垂线，用来标明数据点在坐标轴上的位置，即可以设定向 Y 轴画线（【Horizontal】选项），也可以向 X 轴画线（【Vertical】选项），垂线的类型、宽度、颜色都可以在这里设定。
- Worksheet 按钮：单击这个按钮，将关闭【Plot Details】对话框，同时打开与该图相关的工作表。
- Apply 按钮：单击这个按钮，对绘图细节所作的修改会生效。

　　用不同的方式绘图，其【Plot Details】对话框也有所不同。与【Scatter】作图方式相比，如用【Line + Symbol】方式作图，会增加一个【Line】选项卡，用来设置线的连接方式、样式、线宽、颜色等，如图 4-37 所示，这里就不再详述了。

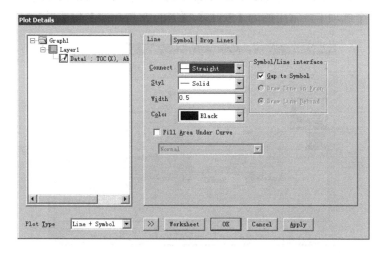

图 4-37　【Plot Details】对话框中的【Line】选项卡

下面继续我们的图形定制工作。

① 选择【Plot Type】为"Line＋Symbol"。

② 单击【Symbol】选项卡，选择符号种类为空心圆，符号大小为"15"，边缘厚度为"40"，边缘颜色为蓝色。

③ 单击 OK 按钮，完成图形定制。定制后的图形如图 4-38 所示。

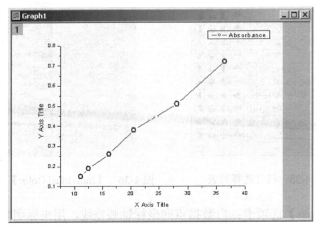

图 4-38　定制后的图形

4.3.3　定制坐标轴

图形定制好了，现在我们来定制坐标。

① 双击【X Axis Title】，出现一个小型文本编辑框，将"X Axis Title"改为"TOC/(mg/L)"。在【Format】工具栏中选择字号为 28 号。

② 双击【Y Axis Title】，将"Y Axis Title"改为"Absorbance"，选择 28 号字。

③ 双击 X 坐标轴，弹出【X Axis - Layer 1】对话框，如图 4-39 所示。

这里有 7 个选项卡。常用的为【Scale】、【Title & Format】和【Tick Labels】，我们将

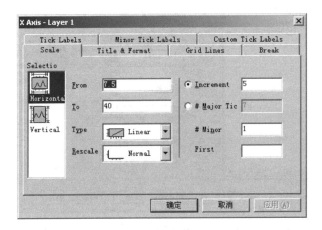

图 4-39　【X Axis-Layer 1】对话框

重点讲解这 3 个选项卡。【Break】选项卡是用来定制带有中断坐标轴的，偶尔也会用到。我们首先介绍【Scale】选项卡。

【Scale】选项卡是用来确定坐标轴的数值范围的。

- 【Selection】选项：用来选择 Horizontal（水平）坐标轴或 Vertical（垂直）坐标轴，即通常的 X 轴或 Y 轴。

- 【From】输入框：用来输入坐标轴起点值，对 X 轴来说是最左侧的值，对 Y 轴来说是最下方的值。

- 【To】输入框：用来输入坐标轴终点值，对 X 轴来说是最右侧的值，对 Y 轴来说是最上方的值。

通常【From】值是小于【To】值的，但也可以大于【To】值。

- 【Increment】输入框：用来输入坐标轴刻度增量，通常为正值。如果【From】值大于【To】值，则【Increment】值应设为负值。

- 【Type】选项用来设定坐标类型。常用的类型为线性（Linear）坐标，这是 Origin 默认的坐标类型。对数坐标包括以 10 为底（log10）、以 2 为底（log2）对数坐标及自然对数坐标（ln）等也是常见的坐标类型。【Probability】类型是高斯累积分布反向表示，以百分比表示，所有数值必须在[0, 100]之间，刻度范围为[0.001, 99.999]。【Probit】和【Probability】类似，但刻度是线性的，递增单位为标准差。【Reciprocal】为倒数坐标，即 $X'=1/X$。【Offset Reciprocal】为补偿倒数坐标，其变换公式为 $X'=1/(X+273.15)$，这是专门用来将摄氏度转变为开尔文温标并转换为倒数的，这在热力学研究中有用。

- 【Rescale】选项：使用放大镜放大图形后，坐标刻度如何改变需要在这里进行设置。选择【Manual】刻度不变，选择【Normal】会重新标定刻度，选择【Auto】会根据情况自动重新标定刻度，选择【Fix From】或【Fix To】会固定坐标起点或终点。

下面介绍【Title & Format】选项卡。【Title & Format】选项卡是用来确定坐标轴名称及格式的，如图 4-40 所示。

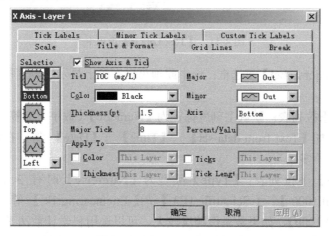

图 4-40　【Title & Format】选项卡

- 【Show Axis & Tick】复选框：选中此项可显示坐标轴及刻度，并激活其他选项。默认显示的坐标轴为 Bottom 和 Left 两个轴。若要显示 Top 和 Right 轴，应首先在【Selection】选项框中选定该轴，然后选中【Show Axis & Tick】复选框，并进行相应设置。

- 【Selection】选项：用来选择坐标轴。坐标轴分为 Bottom、Top、Left 和 Right 4个，默认显示的坐标轴为 Bottom 和 Left，即通常的 X 轴和 Y 轴。若要设定某轴，可在【Selection】选项框中选择。

- 【Title】输入框：用来输入坐标轴标题。

- 【Color】下拉列表：用来选择坐标轴颜色。

- 【Thickness】下拉列表：用来选择坐标轴线宽。

- 【Major Tick Length】下拉列表：用来选择主刻度长度。

- 【Major】下拉列表：用来选择主刻度方向。刻度线可以向内、向外、里外都有或者没有刻度线。

- 【Minor】下拉列表：用来选择次刻度方向。刻度线可以向内、向外、里外都有或者没有刻度线。

- 【Axis】下拉列表：用来设定坐标轴位置。

【Tick Labels】选项卡如图 4-41 所示。

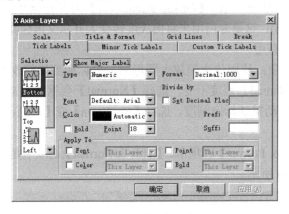

图 4-41　【Tick Labels】选项卡

- 【Show Major Label】复选框：选中此项可以在轴上显示主刻度标签，并激活其他选项。

- 【Type】下拉列表：默认主刻度标签为【Numeric】（数字）标签，通常不必更改。其他形式如【Text from data set】、【Time】、【Date】等，在化学化工数据处理中使用不多。

- 【Format】下拉列表：【Type】类型为【Numeric】时有 3 种选项，分别是【Decimal:1000】、【Scientific:1E3】/【Engineering:1k】等，默认选项为【Decimal:1000】，如果数量级跨度较大，可以选用科学计数法【Scientific:1E3】。

- 【Divide by】输入框：用来将坐标轴主标签数字除以一个数。有时主刻度标签数字位数较多,例如刻度为 1000、2000、3000……,都除以 1000 后就会变成 1、2、3……,显得很简洁。读者切记将这种处理过程在坐标轴上表现出来,如将坐标轴标签由从前的"Time (s)"修改成"Time (×1000 s)"。

- 【Font】下拉列表:用来设置字体。
- 【Color】下拉列表:用来设置字体颜色。
- 【Bold】复选框:用来将字体设置为粗体字。
- 【Point】下拉列表:用来设置字体大小。

简介了【Scale】、【Title & Format】和【Tick Labels】选项卡之后,下面继续坐标轴的设定步骤。

④ 在【Scale】选项卡中设置 X 轴坐标范围为[10, 40],增量为"10"。选择【Selection】中的【Vertical】项,设置 Y 轴坐标范围为[0.1, 0.75],增量为"0.2"。单击 应用(A) 按钮完成【Scale】选项卡设置。

⑤ 单击【Title & Format】选项卡,选择【Selection】中的【Top】项,选中【Show Axis & Tick】复选框,分别在【Major】、【Minor】下拉列表中选择【None】选项(显示 Top 轴,但不显示主、次刻度)。用同样方法处理【Selection】中的【Right】项。单击 应用(A) 按钮完成【Title & Format】选项卡设置。

⑥ 单击【Tick Labels】选项卡,分别设定 X 轴和 Y 轴主标签字体为【Bold】,【Point】为 24。单击 应用(A) 按钮完成【Tick Labels】选项卡设置。

⑦ 单击 确定 按钮完成坐标轴的定制。定制完成后的图形如图 4-42 所示。

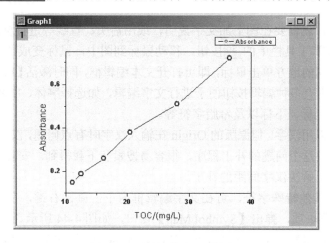

图 4-42 定制坐标轴后的图形

最后简介一下【Break】选项卡。若数据稀疏不均且数值跨度较大,就可能需要在坐标轴上设置断点,把没有数据的空白区域跳过去。【Break】选项卡就是用来设置坐标轴上的断点,如图 4-43 所示。

- 【Show Break】复选框:选中此项可以在轴上设置断点,并激活其他选项。
- 【Break Region】选项:设置断点起始值和终止值。
- 【Break Position】选项:设置断点在轴上的位置。

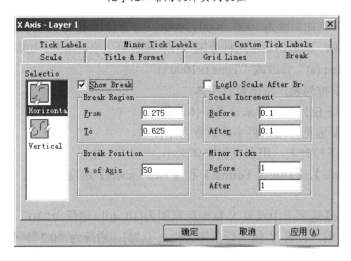

图 4-43 【Break】选项卡

- 【Log10 Scale After Break】复选框：设定断点后面的坐标为对数坐标。
- 【Scale Increment】选项：设定断点前后的刻度增量。
- 【Minor Ticks】选项：设定断点前后次刻度的数目。

使用【Break】选项卡，任何不同数量级的数据都能放在一起比较了。

4.3.4　添加文本、箭头等注释

图形复杂时，就需要在图上加文字说明，或用箭头、直线等进行标注。

单击【Tools】工具栏上的 按钮，移动鼠标到图中，鼠标变成插入符的样子，在需要添加文字说明的地方单击鼠标，即可打开文本编辑框，同时激活【Format】和【Style】工具条。工具条上有多种编辑按钮便于进行文字编辑，如选择字体、字号、颜色，粗体、斜体、下划线、上标、下标以及希腊字符等。

文字说明可以用汉字，但原版的 Origin 在输入汉字时有点问题，汉字间距参差不齐。网上已经有了解决这个问题的补丁程序，很容易搜索和下载得到。安装 Origin 之后，记住给你的软件打上解决汉字间距的补丁。

若需要输入其他特殊字符，可在文字编辑框内单击鼠标右键，在快捷菜单中选择【Symbol Map】菜单项，弹出【Symbol Map】窗口，如图 4-44 所示。

读者可在【Font】下拉列表中选择字体，Windows 提供的各种字体都列在其中。

直接在图形窗口中编辑文字是 Origin 7.0 版才具有的功能，以前的版本在编辑文字时会额外打开一个编辑窗口。在文本框上击右键，选择快捷菜单中的【Properties】菜单项，会弹出【Text Control】窗口，这个窗口和 Origin 以前的版本的文本编辑窗口相同，如图 4-45 所示。

若要画箭头，可以使用【Tools】工具栏上的 ↗ 按钮。

若要画直线，可以使用【Tools】工具栏上的 ╱ 按钮。

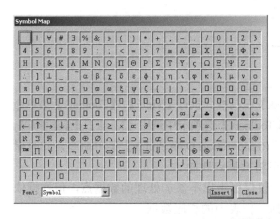

图 4-44　【Symbol Map】窗口

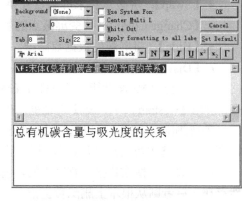

图 4-45　【Text Control】对话框

4.3.5　读取图中数据

【Tool】工具栏（参见图 4-18）上面有两个按钮可以用来读取图上的数据。一个是 按钮（Screen Reader），另外一个是 按钮（Data Reader）。顾名思义，前者可以读取图形窗口上任意点的坐标值，后者只能读取数据点的坐标值。

4.3.6　数据屏蔽和移除

数据分析与拟合过程中，有时需要剔除不合理的数据，这需要用到 Mask（屏蔽）功能。被屏蔽的可以是单个数据，也可以是一个数据范围。被屏蔽的数据可以用不同颜色显示，也可以将它们隐藏起来不显示。

图形窗口中，以 Scatter 或 Line + Symbol 形式绘图才能使用屏蔽数据功能。

在数据点上单击鼠标右键，弹出快捷菜单，选择其中的【Mask】菜单项，弹出【Mask】子菜单，如图 4-46 所示。

图 4-46　【Mask】子菜单

【Mask】子菜单中的各菜单项简介如下，读者可根据具体情况选用。

- 【Point by Point】：逐点屏蔽。
- 【Range】：屏蔽一个数据范围。
- 【Clear Range】：清除屏蔽的范围。

- 【Swap】：屏蔽点和未屏蔽点互换。
- 【Change Color】：改变屏蔽点的颜色。
- 【Hide】：将屏蔽的数据点隐藏。
- 【Disable Masking】：解除屏蔽。

若经常使用 Mask 功能，可以打开【Mask】工具栏。执行【View】/【Toolbars】菜单命令，弹出【Customize Toolbar】对话框，在【Toolbars】选项卡中选中【Mask】工具栏即可。

若要删除某数据，可以选用【Data】/【Remove Bad Data Points】菜单命令，此时鼠标变成 ，选中数据点之后，按回车键即可将数据点删除。

屏蔽数据与移除数据是有区别的，前者仅仅标志出不参加处理的数据点，但数据依然存在。后者则从根本上删除数据点，包括工作表中的相应数据。

4.3.7　保存项目文件和模板

Origin 的工作表、图形、分析结果等的集合叫做项目（Project），保存 Origin 文件通常就是保存项目。第一次保存时需要指定项目文件名（扩展名为 OPJ），需要使用【File】/【Save Project As】菜单命令。默认的项目文件名为"UNTITLED.OPJ"。有了项目文件名之后再保存，可以使用【File】/【Save Project】菜单命令，或直接点击标准工具栏上的 按钮。

请读者在 D 盘上建立"MyOrigin"文件夹，并将本节前面所做的项目文件以"TOC.OPJ"为名保存。

Origin 还可以将定制的图形存为模板。这样下次绘图时，只需输入不同数据就可以了。使用模板可以大大提高工作效率，同时也能保证图形的一致性。因此花点时间精心定制常用图形，是非常值得的。

Origin 模板的扩展名为"OTP"。初次将图形存为模板，可以使用【File】/【Save Template As】菜单命令，再次存模板时可单击标准工具栏上的 按钮。Origin 模板存放在"C:\Program Files\OriginLab\OriginPro70"文件夹中，读者也可以将模板指定存放到别处。

请读者将本节前面定制的图形以"TOC.OTP"为名存入"D:\MyOrigin"文件夹。

4.3.8　使用模板绘图

Origin 绘图都是基于模板的，实际上前面已经用到模板了，如绘制线图、散点图、点连线图等，这些常用模板已经做成按钮放在 2D 工具栏上。读者若使用不那么常见的绘图模板，或者使用自己保存的绘图模板，则需要使用 2D 工具栏最右端的 Template（模板）按钮。

使用自定义模板绘图的操作步骤如下：

① 建立新项目，在工作表中输入一组数据，如表 4-2 所示。

② 单击 B 列名称，选中之。

③ 单击 按钮，弹出【Select Template】对话框，如图 4-47 所示。

【Category】选项框中有若干模板类名，单击选中类名，该类所有模板名称会出现在其下的【Template】框中。用户自定义模板存放在中。右侧的【Preview】窗口预览模

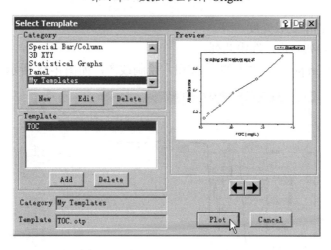

图 4-7 【Select Template】对话框

板，帮助用户选择合适的模板。

④ 选择【My Template】类。

⑤ 选中【TOC】模板。

⑥ 单击 Plot 按钮完成绘图。

因此，使用自定义模板绘图是非常快捷的。

若模板来自别处，可单击 Add 按钮将其加入【My Template】类中再使用。或者使用标准工具栏上的 按钮打开模板，再执行【Graph】/【Add Plot to Layer】菜单命令将数据加到图层上。

4.4 2D 绘图实例

本节将通过几个实例讲解 Origin 在化学化工数据处理中的具体用法。其中所用到的数据文件很容易在各种仪器分析测试中获得。如果读者需要这些数据作为教学实例的话，可以给作者发 Email 索取。假定数据文件都存放在 D:\MyOrigin 文件夹中。

4.4.1 绘制红外光谱图

红外光谱是最为常用的物质结构测试手段。现在的红外光谱仪多为傅里叶变换红外光谱仪（FTIR），这种仪器不仅能够打印红外光谱图，还能为用户提供红外光谱的数据文件，即一组波数与吸光度数据。有了数据文件并在 Origin 中绘制出来，就可以将读者最关心的吸收区域呈现出来，也便于谱图之间进行比较和最终形成 Word 文档。下面以 P(VDF/TrFE)共聚物的红外光谱为例，介绍用 Origin 绘制红外光谱的过程。

① 启动 Origin 或单击 按钮新建一个项目。

② 单击 按钮，弹出【Import ASCII】对话框，找到"D:\MyOrigin"文件夹，双击"IR.dat"数据文件，将数据导入工作表中。

数据文件"IR.dat"中有两列数据，分别是波数和吸光度。导入工作表之后，A(X)

列中是波数，B(Y)中是吸光度。

③ 单击 B(Y)列名称，选中此列。

④ 单击 2D Graph 工具栏上的 按钮，绘制线图，如图 4-48 所示。

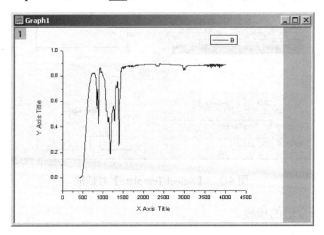

图 4-48　红外光谱图

现在这张红外光谱看起来有点奇怪，问题出在横坐标上。因为习惯上红外光谱高波数在横坐标轴左侧，低波数在右侧，即波数由大到小。而 Origin 默认的横坐标是由小到大的，首先要将坐标方向调过来。

⑤ 双击横坐标轴，弹出【X Axis-Layer 1】对话框。

⑥ 单击【Scale】选项卡，在【Selection】选项框中选中【Horizontal】轴。

⑦ 在【From】输入框中输入"4000"，在【To】输入框中输入"400"，在【Increment】输入框中输入"–500"，如图 4-49 所示。

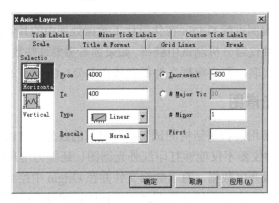

图 4-49　【X Axis-Layer 1】对话框

⑧ 单击 应用(A) 按钮，图谱横轴变成红外光谱习惯的样子。

⑨ 用同样方法选中【Vertical】轴，将坐标轴范围改为[0, 1]之间。

下面我们给图形添加上边框和右边框。

⑩ 单击【Title & Format】选项卡，在【Selection】选项框中选中【Top】轴。选中

【Show Axis & Tick】复选框。

⑪ 单击【Major】选项框旁边的下拉按钮，选中其中的【None】选项。

⑫ 单击【Minor】选项框旁边的下拉按钮，选中其中的【None】选项。如图 4-50 所示。

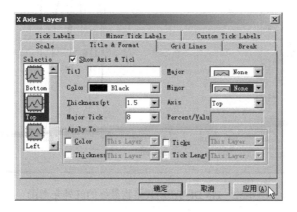

图 4-50 【Title & Format】选项卡

⑬ 单击 应用(A) 按钮，完成上边框的设置。

⑭ 用同样方法在【Selection】中选【Right】轴，设置右边框。

⑮ 单击 确定 按钮，完成坐标轴的设置。

下面设置 X 轴和 Y 轴的标题。

⑯ 单击【X Axis Title】，出现编辑框，将 X 轴标题改为"波数/cm^{-1}"。

⑰ 单击【Y Axis Title】，出现编辑框，将 Y 轴标题改为"透过率"。

Origin 默认的曲线线宽为"0.5"磅，为了使图形在缩小后依然清晰，需要增加线宽。

⑱ 双击曲线上任意一点，弹出【Plot Details】对话框，如图 4-51 所示。

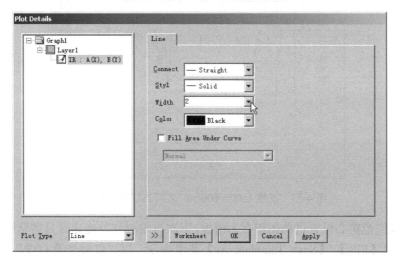

图 4-51 【Plot Details】对话框

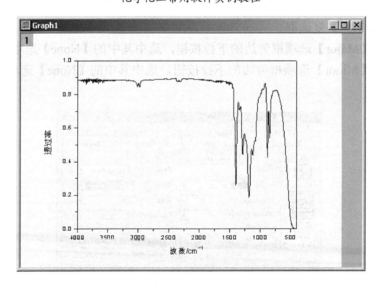

图 4-52　P(VDF/TrFE)共聚物最终的红外光谱图

⑲ 将【Width】项改为"2"。单击 OK 按钮。

⑳ 最终的红外光谱如图 4-52 所示。

Origin 默认的坐标轴线宽为 1.5 磅，轴上的刻度字符为 18 磅，必要时可以加宽轴线和加大刻度字符。

本例中的红外光谱扫描范围比较宽，多数情况下只需观察某一特定区间的吸收峰，此时可重新设置 X 轴尺度范围。将 X 轴范围设为[1500, 600]，增量为"-200"，坐标轴刻度字符大小为 24 磅，坐标轴标题为 28 磅，结果如图 4-53 所示。

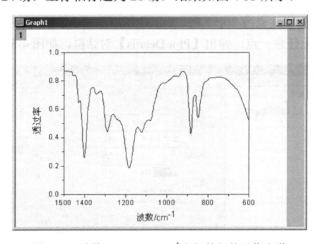

图 4-53　波数 1500～600cm^{-1} 之间的红外吸收光谱

下面我们把精心设置过的图形存为模板，下次再绘制红外光谱时只需套用模板即可。

㉑ 使用【File】/【Save Template As】菜单命令，以"红外光谱.OTP"为文件名将图形存为模板。

使用模板绘图的方法可参考 4.3.8 节。

4.4.2　多条曲线叠加对比图

很多情况下需要比较多条试验曲线的出峰位置，如比较红外光谱、拉曼光谱或 X 射线衍射等。此时需要将各实验曲线层叠起来，共用一个 X 轴，不用 Y 轴。Origin 为我们提供了绘制这种曲线的模板，名字是"WATERWAL.OTP"。

陶瓷工业常用原料，如高岭土、多水高岭土、地开石和珍珠陶土的 FT-Raman 光谱比相应的红外光谱具有更多特征，是陶瓷工业中快速有效的检测手段。下面将这几种物质的 FT-Raman 光谱叠加起来，比较它们的差异。

绘制 Raman 光谱叠加曲线的操作步骤如下：

① 新建一个 Origin 项目。

② 单击 按钮，导入第一条拉曼光谱数据"Raman1.DAT"。

③ 单击 按钮，增加一个新工作表。

④ 单击 按钮，导入第二条拉曼光谱数据"Raman2.DAT"。

⑤ 如此这般增加新工作表，并将"Raman3.DAT"和"Raman4.DAT"分别导入新增的工作表。四组拉曼光谱数据如图 4-54 所示。

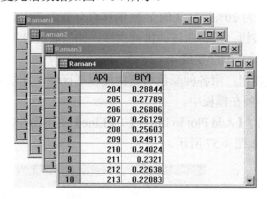

图 4-54　四组拉曼光谱数据

⑥ 单击标准工具栏上的 按钮，弹出【打开】对话框，选中其中的"WATERFAL.OTP"模板，如图 4-55 所示。

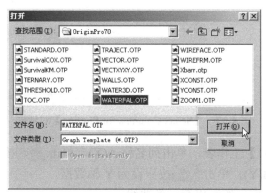

图 4-55　【打开】对话框

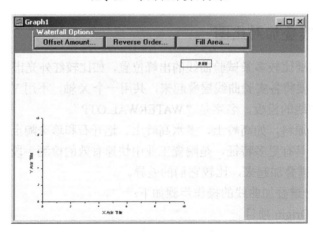

图 4-56　WATERFALL 模板

⑦ 单击 打开(O) 按钮，打开 WATERFALL（瀑布）模板，如图 4-56 所示。

这个模板带有 3 个按钮，分别介绍如下。

- Offset Amount... 按钮：用来设置各条曲线在 X 轴和 Y 轴上的偏移百分数。默认的 X 轴偏移百分数为 20%，默认的 Y 轴偏移百分数为 70%。

- Reverse Order... 按钮：反转曲线的排列次序。如原曲线自下而上排列为 1、2、3、4，单击此按钮后，顺序变成 4、3、2、1。

- Fill Area... 按钮：用各种颜色填充曲线以下区域（此功能使用得较少）。

下面把 4 组数据绘制在模板中。

⑧ 执行【Graphs】/【Add Plot to Layer】/【Line】菜单命令，弹出【Select Columns for Plotting】对话框，如图 4-57 所示。

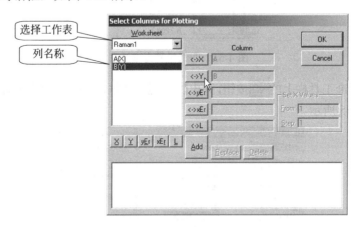

图 4-57　【Select Columns for Plotting】对话框

⑨ 选中【Raman1】工作表，单击列名称 A(X)，单击 <·>X 按钮设为 X 轴数据。

⑩ 单击列名称 B(Y)，单击 <·>Y 按钮设为 Y 轴数据。

⑪ 单击 OK 按钮，绘制出第一条曲线。

⑫ 重复步骤⑧~⑪，分别选中【Raman2】、【Raman3】和【Raman4】工作表，将它们绘制到模板中，结果如图 4-58 所示。

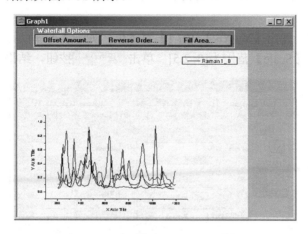

图 4-58　4 条叠加的 Raman 光谱曲线

现在的结果有点糟糕，曲线全部重叠在一起。下面设置层叠效果。

⑬ 单击 **Offset Amount...** 按钮，出现相应的对话框，如图 4-59 所示。

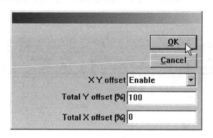

图 4-59　【Offset Amount】对话框

⑭ 设置【Total Y offset】为"100"，设置【Total X offset】为"0"，单击 OK 按钮。结果如图 4-60 所示。

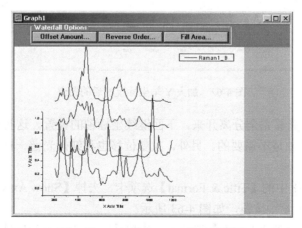

图 4-60　Y 轴偏移 100％的层叠效果

现在曲线虽然是错开的，但仍有不少重叠的地方，效果不够理想。加大 Y 轴偏移量虽然能拉开曲线距离，但这样一来就放不下几条曲线了。实际上我们可以通过加大坐标尺度将曲线压缩一下。

⑮ 双击 Y 轴，弹出【Y Axis-Layer 1】对话框，如图 4-61 所示。

⑯ 设置 Y 轴【Scale】范围为[0, 2.5]，单击 应用(A) 按钮，结果如图 4-62 所示。

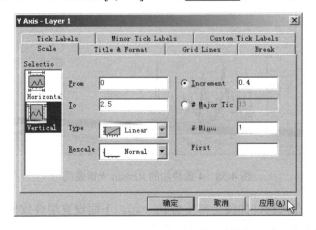

图 4-61　【Y Axis-Layer 1】对话框

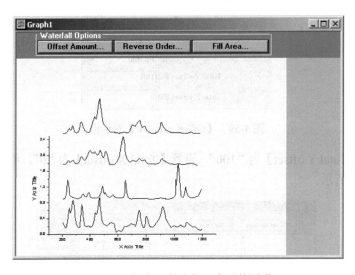

图 4-62　加大 Y 轴坐标尺度后的图谱

至此曲线已经能够完全分离开来。下面继续坐标轴的设置。这类曲线通常比较的是出峰位置，因此 Y 轴是不需要的。另外，拉曼位移也和红外光谱一样，横坐标是由大到小的。

⑰ 单击图 4-61 中的【Title & Format】选项卡，去掉【Show Axis & Tick】复选框中的对号，单击 应用(A) 按钮，如图 4-63 所示。

⑱ 单击【Minor Tick Labels】选项卡，去掉【Show Major Label】复选框中的对号，

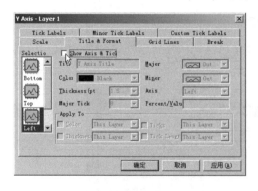

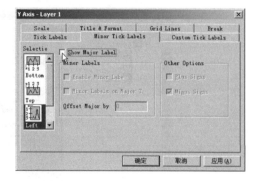

图 4-63　【Title & Format】选项卡　　　　图 4-64　【Minor Tick Labels】选项卡

单击 应用(A) 按钮，如图 4-64 所示。

⑲ 单击【Scale】选项卡，选中【Horizontal】坐标轴，将坐标尺度设为[1200，200]，增量设为"–200"，单击 应用(A) 按钮，如图 4-65 所示。

⑳ 单击【Tick Labels】选项卡，将字体设为【Bold】，字号为 24 磅，单击 确定 按钮，如图 4-66 所示。

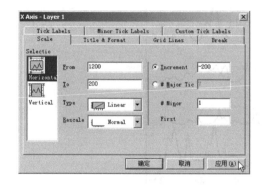

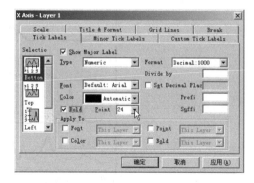

图 4-65　【Scale】选项卡　　　　　图 4-66　【Tick Labels】选项卡

㉑ 双击【X Axis Title】，使用宋体字，字号设为 28 磅。将 X 轴标题修改为"拉曼位移 / cm^{-1}"。

至此坐标轴设置完毕，下面将设置曲线宽度。

㉒ 双击第一条曲线，弹出【Plot Details】对话框，如图 4-67 所示。

㉓ 在左侧的选择框中分别选中 4 条曲线，并将【Width】设置为"2"，单击 OK 按钮。

最后还需要在曲线上加标记，自下而上分别注明为"高岭土"、"多水高岭土"、"地开石"和"珍珠陶土"。

㉔ 单击【Tools】工具栏上的 T 按钮，然后在图中最下面的曲线的适当位置单击鼠标，弹出文字编辑框，输入"高岭土"。

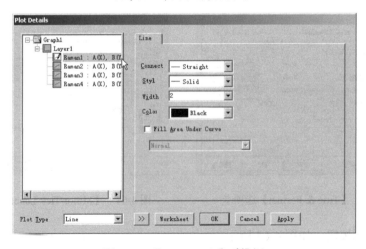

图 4-67 【Plot Details】对话框

㉕ 依次在其他曲线上表明"多水高岭土"、"地开石"和"珍珠陶土"。几种陶瓷原料最终的拉曼层叠光谱如图 4-68 所示。

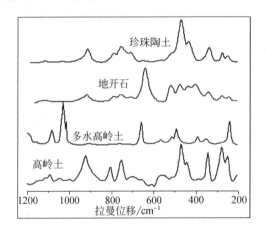

图 4-68 几种陶瓷原料最终的拉曼光谱

㉖ 将此图保存成"Raman.OPJ"为名的项目文件。

㉗ 将此图保存成"拉曼层叠.OTP"为名的模板文件。

4.4.3 绘制 X 射线衍射图

X 射线衍射分析是化学化工中常用的结构分析手段，然而许多 X 射线衍射仪给出的数据是二进制格式的。虽然有相应软件可以将二进制格式转换成文本格式，但转换出来的数据仅有衍射强度一栏。不过衍射起始角度、终止角度和角度增量是已知的，有了这些条件就能重建衍射角度数据。假定衍射数据已经转换成文本格式，文件名"XRD.DAT"，衍射角度为 $10°\sim50°$，每隔 $0.1°$ 采集一个衍射强度数据。

绘制 X 射线衍射图的操作步骤如下：

① 新建一个 Origin 项目。

② 单击 ▦ 按钮，导入 X 射线衍射数据 "XRD.DAT"。

导入的数据占据 A(X)列，共有 401 个数据。下面需要在 B(Y)列中计算并填充衍射角数据。

③ 在 B(Y)列标题上单击右键，弹出快捷菜单，执行【Set Column Values】菜单项，弹出【Set Column Values】对话框，如图 4-69 所示。

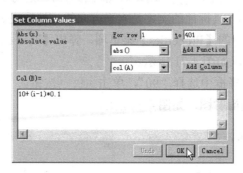

图 4-69 【Set Column Values】对话框

Origin 给了一个行号变量 i，可以使用这个变量计算 B(Y)列各行的数据。

④ 将【For row】输入框填入 "1"（默认值），【to】输入框中填入 "401"。

⑤ 在【Col(B)=】下面的公式输入框中填入 "10+(i–1)*0.1"。单击 OK 按钮。

这样 B(Y)列就填充了从 10° 开始，间隔为 0.1，直到 50° 的数据，共计 401 个。然而 X 射线衍射图应该是以衍射角 2θ 为横坐标的。现在的情况显然是不合适的，需要重新设定 X 轴和 Y 轴。

⑥ 在 A(X)列标题上单击右键，弹出快捷菜单，选择【Set As】/【Y】菜单项，

⑦ 在 B(Y)列标题上单击右键，弹出快捷菜单，选择【Set As】/【X】菜单项，

⑧ 单击 A(X)列标题选中此列，单击 2D 工具栏上的 ╱ 按钮，绘制 X 射线衍射图，结果如图 4-70 所示。

⑨ 双击 Y 轴坐标，弹出【Y Axis-Layer 1】对话框，参照上一个例子，将 Y 轴隐藏。

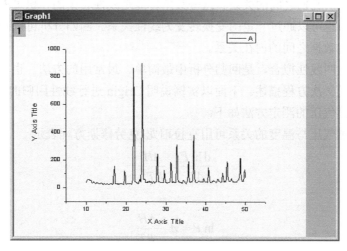

图 4-70 X 射线衍射图

⑩ 将 X 轴坐标范围改为[10, 50]，坐标轴标签字符大小设为 24 磅，字体设为粗体。

⑪ 将【X Axis Title】改为"2θ"，字号为 28 磅，粗体。

输入"θ"字符时，需要用到【Format】工具栏上的 **αβ** 按钮。**αβ** 按钮按下时，键盘上的英文字符就变成相应的希腊字符了，按 **Q** 键即可输入"θ"。

⑫ 用【Tools】工具栏上的 **T** 工具，对图上的衍射峰进行必要的标注。

默认情况下，用 **T** 工具标注的文字是水平方向的。标注完成后，在其上单击右键，弹出快捷菜单，选择其中的【Properties】菜单项，弹出【Text Control】对话框。这里可以设置文字的旋转方向，如图 4-71 所示。

⑬ 在【Rotate】选择框中选择"90"，单击 **OK** 按钮。

最终形成的 X 射线衍射图，如图 4-72 所示。

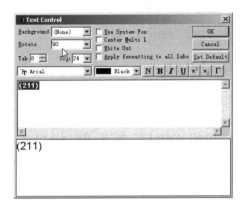

图 4-71 【Text Control】对话框

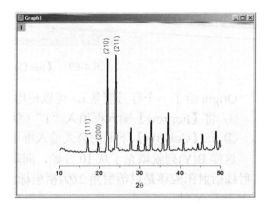

图 4-72 一种热缩材料的 X 射线衍射谱图

4.4.4 线性回归

回归分析是研究随即变量间相互关系的重要方法，化学是一门实验学科，有大量的实验数据需要找出它们之间的关系。这些数据可能是线性相关的，也可能是非线性的。有些非线性关系也可以通过一定的变换转变为线性关系。回归分析可以减小实验数据的随即误差，发现数据之间的内在关系。

线性回归也叫线性拟合，是回归分析中最简单、最常用的方法。也就是说数据间的关系可以用一元一次方程描述。下面以实例说明 Origin 进行线性回归的过程。

液体饱和蒸气压的测定方法如下：

液体饱和蒸气压与温度的关系可用克拉珀龙-克劳修斯方程表示

$$\frac{d\ln P}{dT} = \frac{\Delta H}{RT^2}$$

积分得

$$\ln P = A - \frac{\Delta H}{RT}$$

用 ln P 对 $1/T$ 作图，应得一直线。直线的斜率为 $-\dfrac{\Delta H}{R}$ ，截距为 A 。根据斜率可求摩尔蒸发热 ΔH 。

通过实验记录到如表 4-3 所示的液体饱和蒸气压的测定实验数据。

表 4-3　液体饱和蒸气压的测定实验数据

实验序号	气体沸点/℃	$\dfrac{1}{T}$ /K^{-1}	水银柱Δh/mmHg	气体压强 ($P_{外}$－Δh)/Pa	ln$P_{气}$
1	98.5		54.0		
2	97.0		84.0		
3	94.8		123.5		
4	93.5		170.5		
5	90.2		218.0		
6	89.2		265.7		
7	87.5		321.0		
8	84.6		357.0		
9	83.1		393.0		
10	79.2		436.5		

实验室大气压 $P_{外}$=102640Pa

显然实验记录到的数据是不能直接绘图的，必须经过必要的转换处理。首先要把气体沸点由"℃"转换成"K"，之后取倒数，这样自变量数据就处理完了。因变量的数据处理起来稍微繁琐些，要把水银柱高度Δh 转换成"Pa"（1mmHg=133.32Pa），计算气体压强 $P_{气}$=$P_{外}$－Δh，最后取自然对数 ln$P_{气}$。

① 新建一个 Origin 项目。

② 将气体沸点实验数据输入 A(X)列。

③ 在 B(Y)列标题上单击右键，弹出快捷菜单，执行【Set Column Values】菜单项，弹出【Set Column Values】对话框，如图 4-73 所示。

④ 计算范围设定为从 1~10，计算公式为：1/(col(A)+273.15)。单击 OK 按钮。

⑤ 在工作表空白处单击右键，弹出快捷菜单，选择其中的【Add New Column】项增加一列，如图 4-74 所示。

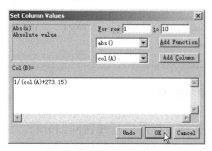

图 4-73　【Set Column Values】对话框

图 4-74　工作表快捷菜单

标准工具栏上有个 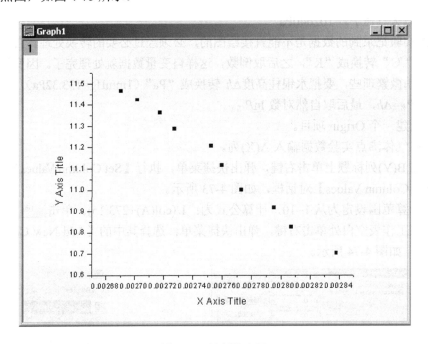 按钮，单击之也可以在工作表中增加新列。

⑥ 如此这般再增加两列。新增列分别是 C(Y)、D(Y) 和 E(Y)。

⑦ 将水银柱高度数据输入新增的 C(Y) 列。

⑧ 在 D(Y) 列标题上单击右键，弹出快捷菜单，执行【Set Column Values】菜单项，弹出【Set Column Values】对话框。计算公式为：102640–col(C)*133.32，计算范围为 1~10。

⑨ 如此这般计算 E(Y) 列数据。计算公式为 ln(col(D))，计算范围为 1~10。

至此数据的预处理完成。当然读者也可以将上两步合并为一步，增加两个新列即可。计算公式为 ln(102640–col(C)*133.32)。

需要说明的是，Origin 中的对数函数和常用算法语言中的对数函数有所不同，它有专门的自然对数 ln( )，还有以 10 为底的常用对数 log( )。而在某些算法语言中，log( ) 是自然对数，log10( ) 才是以 10 为底的对数，或者干脆只有自然对数 log( )，计算常用对数时用换底公式来实现。

⑩ 在 B(Y) 列标题上单击右键，弹出快捷菜单，选择【Set As】/【X】菜单项。

⑪ 单击 B(X2) 列标题，单击 E(Y2) 列标题，单击【2D Graph】工具栏上的 按钮，绘制散点图，如图 4-75 所示。

图 4-75　绘制散点图

可以看出，ln P 和 $1/T$ 之间近似为线性关系。下面进行线性回归分析。

⑫ 执行【Analysis】/【Fit Linear】菜单命令。回归直线如图 4-76 所示。

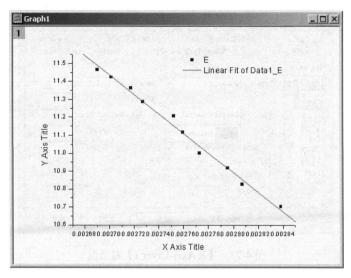

图 4-76　回归得到的直线

在【Results Log】窗口中可以看到如下线性回归的结果（如果看不到，可以执行【View】/【Result Log】菜单命令打开相应窗口）。

```
Linear Regression for Data1_E:
Y = A + B * X
Parameter    Value    Error
------------------------------------------------
A    26.18898     0.55672
B    -5463.34046 201.95768
------------------------------------------------
R    SD    N    P
------------------------------------------------
-0.99458 0.02905    10    <0.0001
------------------------------------------------
```

线性回归的结果告诉我们，直线方程为 Y=26.189–5463.3*X，对本实验来说方程为 $\ln P$=26.189–5463.3/T。直线的斜率为–5463.3，相关系数为–0.99548。这里将相关系数取为负值是由于直线的斜率是负的。相关系数的绝对值越接近 1，说明实验点越接近线性。

下面我们将图形完善一下。由于自变量数据较小，Origin 默认刻度标签很密集也不好看，有必要以习惯的方式将 $1/T$ 变成 $1000/T$。

⑬ 双击 X 轴，弹出【X Axis-Layer 1】对话框。

⑭ 单击【Tick Labels】选项卡，在【Divide by】输入框中输入 "0.001"，如图 4-77所示。

⑮ 单击 应用 (A) 按钮。

⑯ 单击【Scale】选项卡，将【Increment】改为 "0.05"。单击 应用 (A) 按钮。

⑰ 将 Y 轴的【Increment】改为 "0.2"。单击 应用 (A) 按钮。

⑱ 给图形加上边框和右边框。

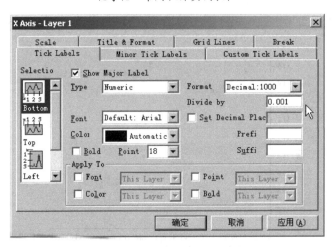

图 4-77 【X Axis-Layer 1】对话框

⑲ 将【X Axis Title】编辑为【1000/T】。将【Y Axis Title】编辑为【ln P】。

⑳ 用 **T** 工具在图上注明实验名称。用 **T** 工具将直线方程标注到图上。
最终的图形如图 4-78 所示。

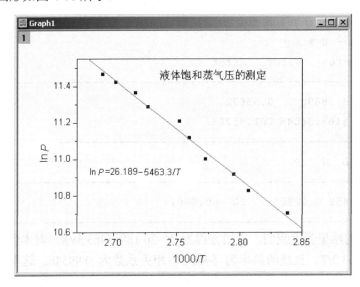

图 4-78 液体饱和蒸气压数据处理结果

本实验的最终目的是要求出液体的摩尔蒸发热 ΔH 。

因为
$$-\frac{\Delta H}{R} = -5463.3$$

所以
$$\Delta H \approx 45.42\,(\text{kJ/mol})$$

读者可建立一个 Word 文档，将实验原理、步骤、原始数据、处理过程与结果组织
起来。在 Origin 中可以使用【Edit】/【Copy Page】菜单命令将图形复制到 Word 文档中，
从而形成一份完整的实验报告。

4.4.5　多项式回归

有时变量之间的关系并是非线性的，或者无法变成线性，这时可以考虑用多项式回归拟合实验数据。多项式回归就是用一元 N 次方程对数据进行的拟合，通过增加自变量的方次增强数据的拟合效果。

K 型热电偶的热电势与温差之间近似为线性关系。实验测定了–200~700°C 之间每隔 10°C 温差热电势数据（冷端补偿温度为 0°C），数据文件名为"ThermoCouple.dat"。

① 新建一个 Origin 项目。

② 单击 按钮，导入 K 型热电偶的热电势数据"ThermoCouple.dat"。

③ 将数据以散点形式绘制出来。

④ 双击数据点，将散点符号大小设为"5"（默认大小为"8"）。

⑤ 对坐标外观做必要的整理，结果如图 4-79 所示。

可以看出，在低温部分数据偏离线性的程度较大。

⑥ 执行【Analysis】/【Fit Polynomial】菜单命令，弹出【Fit Polynomial】对话框，如图 4-80 所示。

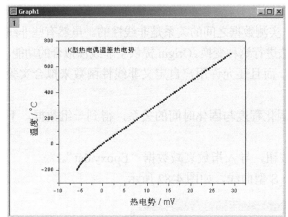

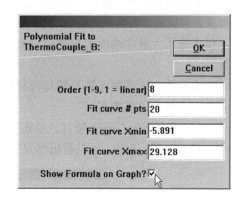

图 4-79　K 型热电偶数据散点图　　　　　图 4-80　【Fit Polynomial】对话框

【Order】输入框用来确定多项式的次数，范围为[1, 9]。若 Order=1，即线性回归，若 Order=2，即抛物线回归。为取得较好的拟合效果，【Order】项可以酌情选择大一些的数值。

⑦ 在【Order】输入框输入"8"。

⑧ 选中【Show Formula on Graph】复选框。单击 OK 按钮开始拟合。

拟合的效果相当好，相关系数为 1。拟合形成的 8 次多项式会自动添加到图形上，在对这个多项式进行编辑之后，最终的图形如图 4-81 所示。

有了这样一个多项式，就可以将实验测到的热电势转换为实际温度 T。这里的热电偶为 K 型，冷端补偿温度为 0°C，热电势 V 单位毫伏（mV），适用范围–200～+700°C。

$$T = -0.27803 + 24.9494V - 0.34529V^2 + 0.09397V^3 - 0.01125V^4 + 6.9818E{-}4V^5 - 2.40131E{-}5V^6$$
$$+ 4.36778E{-}7V^7 - 3.28691E{-}9V^8$$

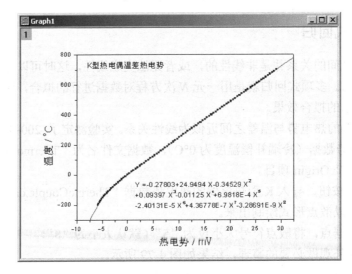

图 4-81　多项式拟合后的结果

4.4.6　非线性回归

如同现实世界一般，在多数情况下，实测数据之间的关系是非线性的。虽然有些非线性关系也能通过转换变成线性，但多数无法进行这种变换。Origin 提供了非线性拟合的功能，不仅内建了大量非线性函数供用户选用，而且还允许用户自定义非线性函数来拟合实验数据。

实验测定了某种环氧乙烷复合材料固化程度与固化时间的关系，得到一组数据。下面我们来拟合这组数据。

① 新建一个 Origin 项目。单击 按钮，导入指数衰减数据 "Epoxy.dat"。

② 绘制散点图，可以看出这是一个 S 型曲线，如图 4-82 所示。

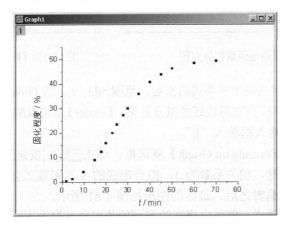

图 4-82　散点图

③ 执行【Analysis】/【Non-linear Curve Fit】/【Advanced Fitting Tool】菜单命令，弹出【NonLinear Curve Fitting】对话框，如图 4-83 所示。

· 154 ·

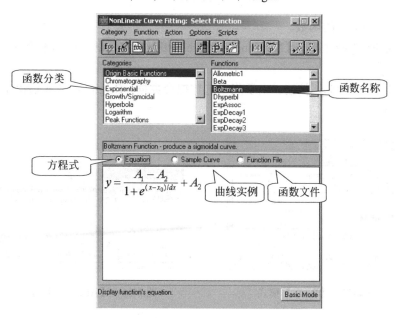

图 4-83　【NonLinear Curve Fitting】对话框

对话框工具栏上有几个常用按钮，简介如下：

- **f∞** 按钮：选择 Origin 内建的各种非线性函数。
- **f🖊** 按钮：编辑 Origin 内建的函数。
- **fᴬᵦ** 按钮：自定义函数。用户可以输入自定义的非线性函数和初值。
- **▦** 按钮：选择拟合数据。默认的拟合数据为当前激活工作表中的数据。

Origin 内建了大量非线性函数类型供用户选用，如【Origin Basic Functions】类中就有 ExpDecay（指数衰减）、ExpGrow（指数增长）、Boltzman、Gauss、Lorentz 等常用非线性函数。

在对话框中部有 3 个单选项，默认值为【Equation】，在其下的预览窗口显示函数方程式。单击选中【Sample Curve】单选项，可以显示该方程的曲线范例。

④ 选用【Origin Basic Functions】/【Boltzman】函数。

⑤ 单击【Sample Curve】单选项显示曲线范例，如图 4-84 所示。

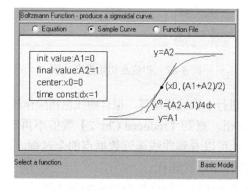

图 4-84　【Boltzman】函数曲线

这正是我们需要的函数。

⑥ 单击 Basic Mode 按钮，【NonLinear Curve Fitting】对话框变成基本模式，如图 4-85 所示。

⑦ 单击 Start Fitting... 按钮。由于尚未选定拟合数据，Origin 会弹出【Attention】对话框，如图 4-86 所示。

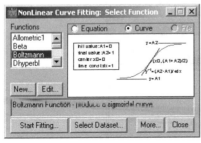

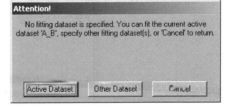

图 4-85 【Basic】模式   图 4-86 【Attention】对话框

⑧ 单击 Active Dataset 按钮，选用当前激活的数据为拟合数据。

如果拟合函数是自定义的，那么必须指定拟合初值。某些函数对初值较敏感，不能偏离得太远，否则会造成迭代过程不收敛，从而得不到结果。对于 Origin 内键的函数来说，拟合初值是自动给出的。本例的初值及初始拟合曲线如图 4-87 所示。

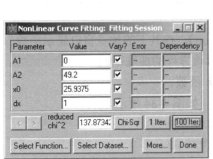
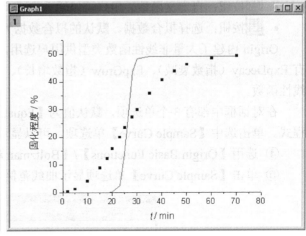

图 4-87 初值及初始拟合曲线

⑨ 单击 1 Iter. 按钮，进行 1 次迭代运算，拟合曲线也相应作改变，更加接近数据点。

⑩ 反复单击 1 Iter. 按钮，直到【reduced Chi^2】数值不再改变为止。

反复单击 1 Iter. 按钮，可以看到曲线逼近数据点的全过程。如果迭代过程收敛较慢，可以单击 100 Iter. 按钮，进行 100 次迭代。

⑪ 单击 Done 按钮完成迭代。最终拟合结果如图 4-88 所示。

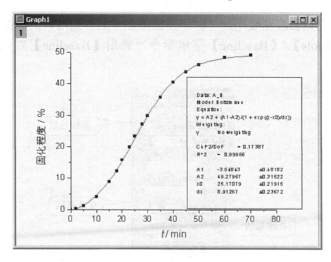

图 4-88 最终拟合结果

函数各参数的拟合结果会显示在图上，同时也显示在【Result Log】窗口中。

默认的拟合数据为全部数据。如果用 mask 功能屏蔽某些数据，就可以实现部分数据拟合。

4.4.7 扣除基线

仪器总会受到各种因素的干扰，基线不为"0"的情况是经常出现的。在需要做定量分析的场合，扣除基线就成了十分必要的步骤。Origin 提供了扣除基线的功能。

实验测得某半晶高聚物的 X 射线衍射数据（XRD-1.dat）以及此种高聚物完全非晶态的漫散射数据（XRD-2.dat）。首先我们将基线扣除。

① 新建一个 Origin 项目。

② 单击 按钮，导入 X 射线衍射数据"XRD-1.dat"。

③ 单击 按钮，绘制连线图，结果如图 4-89 所示。

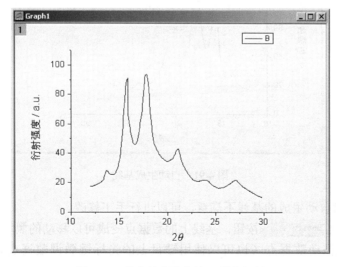

图 4-89 某半晶高聚物的 X 射线衍射

显然图形的衍射强度基线不为"0"，需扣除之才能得到准确的峰面积。

④ 执行【Tools】/【Baseline】菜单命令，弹出【Baseline】对话框，如图 4-90 所示。

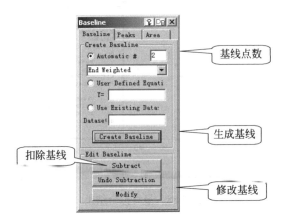

图 4-90   【Baseline】对话框

【Baseline】对话框有 3 个选项卡。基线在【Baseline】选项卡中设定。基线可以自动生成，可以用已知的基线方程，也可以用已知的基线数据。这里假定基线是直线，并由 Origin 自动生成基线。

⑤ 选中【Automatic】单选项，将基线点数改为"2"（默认值为"10"）。

⑥ 单击 Create Baseline 按钮，Origin 自动生成一条基线，如图 4-91 所示。

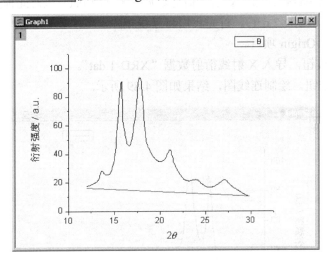

图 4-91   自动生成基线

如果用户对自动生成的基线不满意，可以进行手工修改。

⑦ 单击 Modify 按钮，基线上的数据点变成可以移动的黑块。

⑧ 用鼠标拖动数据点（也可以使用键盘上的光标键微调数据点），使基线更加合理。

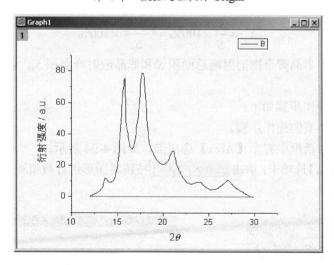

图 4-92　扣除基线后的图形

⑨ 单击 Subtract 按钮，将基线扣除。扣除基线后的图形如图 4-92 所示。

⑩ 将该项目存为"BaseLine.OPJ"。

本例中基线是线性的。若基线变化并非线性的，可以多选几个数据点，并通过移动数据点使之符合基线的变化趋势。

4.4.8　数值积分

半晶高聚物的 X 射线衍射峰包含两部分：结晶衍射峰和非晶漫散射峰。图 4-93 所示为半晶聚合物 X 射线衍射峰与完全非晶聚合物漫散射峰。

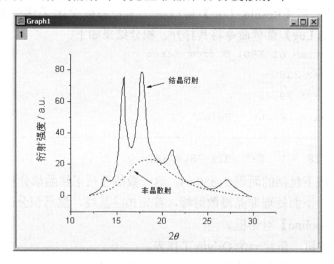

图 4-93　半晶聚合物 X 射线衍射峰与完全非晶聚合物漫散射峰

设半晶聚合物衍射峰总面积为 S，非晶散射峰面积为 S_a，则结晶峰面积为 $S_c=S-S_a$，聚合物的结晶度可用如下公式计算得到

$$X_c = \frac{S_c}{S} \times 100\% = \frac{S - S_a}{S} \times 100\%$$

只要分别求出半晶聚合物衍射峰总面积 S 和非晶散射峰面积 S_a，就可以算出聚合物的结晶度。

数值积分的操作步骤如下：

① 按第 4.4.7 节的操作步骤。

【Baseline】对话框中有个【Area】选项卡，如图 4-94 所示。

② 单击【Area】选项卡，单击 From Y = 0 按钮对图形进行数值积分（基线为 Y=0），如图 4-95 所示。

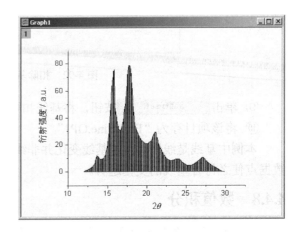

图 4-94　【Baseline】对话框【Area】选项卡　　　　图 4-95　曲线数值积分

积分结果显示在【Results Log】窗口中。读者如果关闭了这个窗口，可以执行【View】/【Results Log】菜单命令将其打开。积分结果如下：

```
Integration of XRD1_B from zero:
i = 1 --> 358
x = 12 --> 29.85
AreaPeak at Width   Height
----------------------------------------------------------
330.53818   17.8   3.1 78.67867
```

结果显示曲线下包括的面积 S=330.54。这一数值包括了结晶部分和非晶部分对衍射强度的共同贡献。下面处理非晶漫散射峰，首先扣除基线，然后积分。

③ 关闭【Baseline】对话框。

④ 单击 📖 按钮，新建一个 Origin 工作表。

⑤ 单击 📖 按钮，导入非晶散射数据"XRD-2.dat"。

⑥ 单击 ╱ 按钮，绘制连线图。

⑦ 按照第 4.4.7 节的步骤扣除基线。

⑧ 对曲线进行数值积分，结果如下：

```
Integration of XRD2_B from zero:

i = 1 --> 358

x = 12 --> 29.85

AreaPeak at Width   Height

----------------------------------------------------------

158.63345   18.75   5.9 23.22493
```

积分得到漫散射峰的面积为 158.63。

⑨ 计算结晶度：

$$X_c = \frac{S - S_a}{S} \times 100\% = \frac{330.54 - 158.63}{330.54} \times 100\% = 52\%$$

执行【Analysis】/【Calculus】/【Integrate】菜单命令，也可以对曲线进行积分。

4.4.9　拾取峰值

Origin 具有自动查找峰值的能力（见图 4-92 扣除基线后的图形）。

① 单击【Peaks】选项卡，如图 4-96 所示。

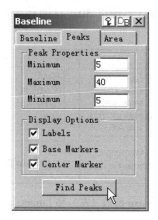

图 4-96　【Peaks】选项卡

【Peak Properties】中有 3 个输入项，自上而下分别是【Minium Width】、【Maximum Width】和【Minium Height】（图中显示得不完全），分别定义峰的最小、最大宽度以及峰的最小高度。宽度值是曲线数据点的百分数，高度值是峰-峰值的百分比。调节这些数据可以将一些峰包括在内（数值减小）或排除在外（数值增大）。这里我们采用 Origin 给出的默认值为【Peak Properties】参数。

② 单击 Find Peaks 按钮，查找得到的峰如图 4-97 所示。

Origin 还专门提供了一个拾取峰值的功能。执行【Tools】/【Pick Peaks】菜单命令，弹出【Pick Peaks】对话框，如图 4-98 所示。

使用这个对话框不仅可以拾取正向峰（Positive），还可以拾取反向峰（Negative）。化学化工中有些谱图是吸收峰，此时当用【Negative】选项拾取峰值。

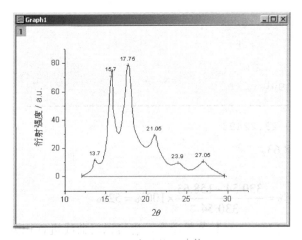
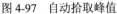

图 4-97　自动拾取峰值　　　　　　　　图 4-98　【Pick Peaks】对话框

4.4.10　分峰

分析测试结果时，常常需要将谱图上的重叠峰分离开。常用的分峰函数有 Gaussian 函数和 Lorentzian 函数，分峰数目不超过 30。这两种函数形状有所差异，可根据实际情况选用，如图 4-99 所示。

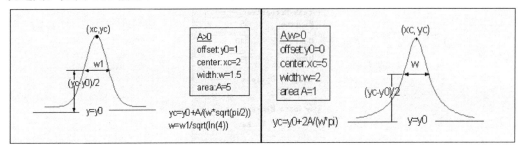

图 4-99　Gaussian 函数（左）和 Lorentzian 函数（右）

下面我们以 Lorentzian 函数拟合分离前面处理过的图 4-92 中的各峰。

Lorentzian 函数拟合分峰的操作步骤如下：

① 单击 按钮，打开前面存过盘的"BaseLine.OPJ"项目文件。

② 执行【Analysis】/【Fit Multi-peaks】/【Lorentzian】菜单命令，弹出【Number of Peaks】输入框，如图 4-100 所示。

③ 在输入框中输入"6"，单击 OK 按钮，弹出【Initial half width estimate】输入框，这里需要输入一个半峰宽的预估参数，如图 4-101 所示。

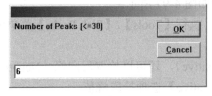
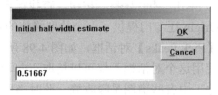

图 4-100　【Number of Peaks】输入框　　　图 4-101　【Initial half width estimate】输入框

· 162 ·

④ 使用 Origin 提供的默认值（0.51667），单击 OK 按钮。

此时鼠标变成 ✛，可以用来选取峰值。

⑤ 在各峰值处双击鼠标，出现一道道绿色点划线，如图 4-102 所示。

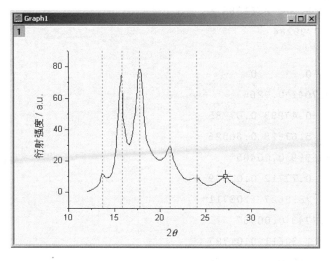

图 4-102　选择峰值

⑥ 选择最后一个峰值之后，Origin 自动进入拟合分峰过程，运算结果显示在【Results Log】窗口中。结果如下：

```
Lorentz(6) fit to XRD1_B:


Chi^2/DoF   2.61389
R^2 0.99284


PeakArea    Center  Width    Height
------------------------------------------------------------
1   5.6763   13.704  0.47993 7.5295
2   78.563   15.700  0.77712 64.359
3   149.05   17.774  1.3061  72.647
4   88.605   20.901  2.4757  22.784
5   8.3942   24.028  1.0556  5.0623
6   23.713   27.088  1.6813  8.9787
------------------------------------------------------------
Yoffset = 0
```

图形上同时出现一个文字框，里面详细列出了各峰的参数，内容如下：

```
Data: XRD1_B
Model: Lorentz
Equation: y = y0 + (2*A/PI)*(w/(4*(x-xc)^2 + w^2))
```

```
Weighting:
y    No weighting


Chi^2/DoF    = 2.61389
R^2 =  0.99284


y0       0         0
xc1 13.7041 0.0266
w1      0.47993 0.07785
A1      5.67628 0.66526
xc2 15.6999 0.00405
w2      0.77712 0.01309
A2      78.5627 1.03711
xc3 17.7743 0.00487
w3      1.30611 0.01787
A3      149.045 1.76966
xc4 20.9012 0.02249
w4      2.47573 0.08737
A4      88.6045 2.59048
xc5 24.0279 0.06066
w5      1.05562 0.20836
```

拟合得到的各峰用绿线表示，这些峰的叠加后的曲线用红色表示。拟合完成后的图形如图 4-103 所示。

虽然有了各峰的参数，可以使用 Lorentzian 函数将曲线重绘出来。但是多数情况下

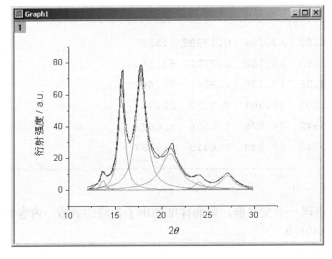

图 4-103　Lorentzian 函数拟合分峰结果

我们只关心各峰的数据，有了这些数据，就可以直接进行积分等操作。

⑦　双击曲线，弹出【Plot Details】对话框，如图 4-104 所示。

⑧　单击【NLSF2】选项，单击 Worksheet 按钮，弹出【NLSF2】工作表，如图 4-105 所示。

各峰拟合数据都在【NLSF2】工作表中了，每条曲线拥有 60 组数据，可依据这些数据做进一步的处理。

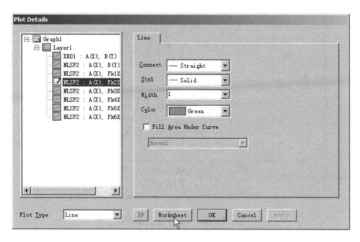

图 4-104　【Plot Details】对话框

	A[X]	B[Y]	Pk1XRD1B[Y]	Pk2XRD1B[Y]
	Independent variable	Lorentz fit of XRD1_B	Lorentz fit peak 1 for XRD1_B	Lorentz fit peak 2 for XRD
1	12	2.23575	0.1464	0.70
2	12.30254	2.56748	0.21443	0.83
3	12.60508	3.01982	0.34263	0.99
4	12.90763	3.71058	0.62658	1.22
5	13.21017	5.04569	1.43777	1.53
6	13.51271	8.90692	4.60189	1.96
7	13.81525	11.47211	6.19951	2.62
8	14.1178	8.58876	1.89564	3.66

图 4-105　【NLSF2】工作表

4.4.11　双坐标图

实际工作中常遇到这样的情况，即某因素的改变会引起其他两个相关因素的变化，如随着温度的变化，材料的介电系数和介电损耗同时发生变化。这种情况下两组数据可以使用同一个 X 轴绘图。但如果两组数据的 Y 值差异较大，就不得不使用不同的 Y 轴，否则 Y 值较小的一组数据会被压缩得看不到变化细节。

前面所讲的实例都只有一个图层。双坐标图具有两个图层，用户可选择指定图层将数据绘制其上。

绘制双坐标图的操作步骤如下：

①　新建一个 Origin 项目。

② 单击 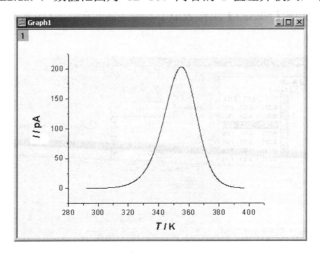 按钮，导入数据 "L1.dat"。

③ 单击 ／ 按钮，绘制连线图，结果如图 4-106 所示。

这是电介质材料的热释电流理论曲线，Y 值范围为 1~200。对此曲线求数值微分后的数据文件为 "L2.dat"，数值范围为 –12~10。两者的 Y 值差异较大，不便绘制在一起。

图 4-106　热释电流曲线

④ 单击 按钮，新建一个工作表。

⑤ 单击 按钮，导入数据 "L2.dat"。

⑥ 单击【L2】工作表的 B(Y)列选中之。

⑦ 单击【Graph1】窗口激活之。

下面的工作是要在激活的图上添加第二层坐标。两个图层是关联的（Linked），共用 X 轴，新图层的 Y 轴在右侧。

⑧ 执行【Edit】/【New Layer (Axes)】/【(Linked) Right Y】菜单命令，【Graph1】增加一个新图层和新 Y 轴，如图 4-107 所示。

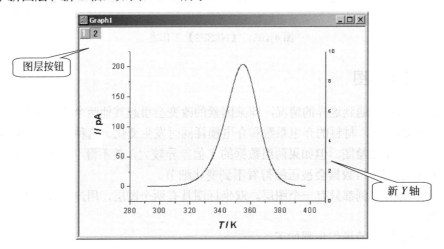

图 4-107　新增图层和 Y 轴

注意看左上角图层按钮处，从前只有一个按钮，现在变成两个了。**2**按钮处于按下状态，说明当前激活图层是第 2 层。

⑨ 执行【Graph】/【Add Plot to Layer】/【Line】菜单命令，将"L2.dat"数据绘入 Layer 2 上，如图 4-108 所示。

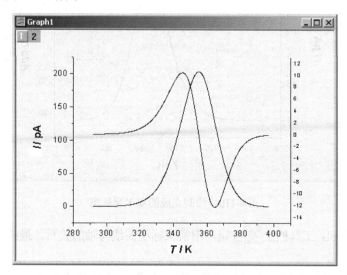

图 4-108　在 Layer 2 上绘制数据

⑩ 双击曲线，将其变成点划线（Dot）。

新建的 Y 轴没有名称，需要添加名称，并适当调整坐标范围。

⑪ 双击右侧 Y 轴，弹出【Y Axis-Layer 2】对话框，如图 4-109 所示。

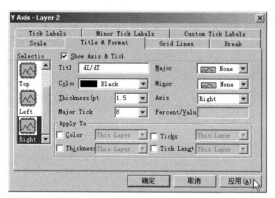

图 4-109　【Y Axis-Layer 2】对话框

⑫ 单击【Title & Format】选项卡，在【Title】输入框中输入"dI/dT"，单击 应用(A) 按钮。

⑬ 单击【Scale】选项卡，将坐标轴范围定为[−28, 28]，增量为"10"，单击 确定 按钮。

⑭ 选择左侧 Y 轴，在 Layer 1 图层上加上没有刻度的 Top 轴。

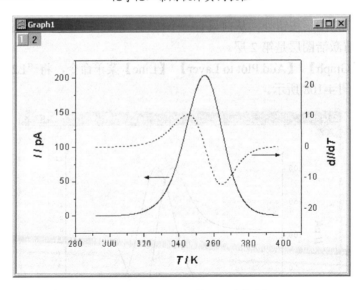

图 4-110 绘制完成的双 Y 坐标图

⑮ 单击 Tools 工具栏上 按钮，用箭头标明曲线与轴的关系。最终结果如图 4-110 所示。

学会定制双 Y 轴之后，定制其他类型的坐标轴也就触类旁通了。

实际上 Origin 提供了双 Y 轴的模板，文件名为"DOUBLEY.OTP"，存放在"C:\Program Files\OriginLab\OriginPro70"文件夹中。单击标准工具栏上的 按钮，弹出对话框，选中"DOUBLEY.OTP"，单击 打开(O) 按钮将其打开。"DOUBLEY.OTP"模板如图 4-111 所示。

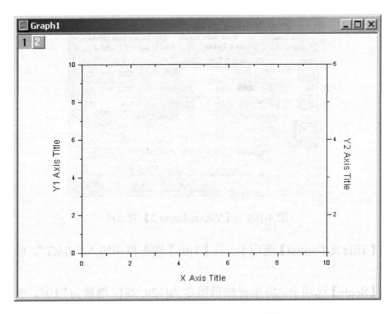

图 4-111 "DOUBLEY.OTP"模板

在双坐标图上添加数据绘图时，一定要注意左上角哪一个图层按钮被按下去了，即必须清楚当前激活图层，否则会将数据绘制到不合适的图层上。

4.4.12　多层图

常见多层图有几种，Origin 提供了相应模板，有横向排列两层图（PAN2HORZ.OTP）、纵向排列两层图（PAN2VERT.OTP）、两行两列四层图（PAN4.OTP）、三行三列九层图（PAN9.OTP）等，如图 4-112 所示。

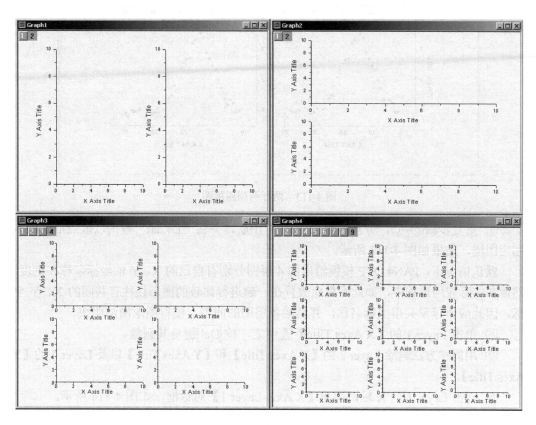

图 4-112　几种常见类型的多层图

（1）两行两列四层图

下面我们以"PAN4.OTP"为模板，绘制两行两列四层图。

① 新建一个 Origin 项目。

② 单击 [123] 按钮，导入数据"L4.dat"。

③ 单击【L4】工作表的 B(Y)列选中之。

④ 单击标准工具栏上的 [图] 按钮，打开"PAN4.OTP"模板。

⑤ 单击 [1] 图层按钮，激活第一个图层。

⑥ 执行【Graph】/【Add Plot to Layer】/【Scatter】菜单命令，将"L4.dat"数据画入 Layer 1 上。

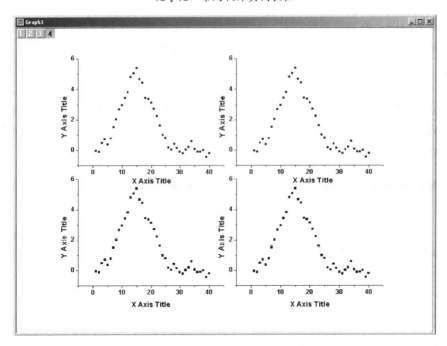

图 4-113　两行两列四层图

⑦ 重复步骤⑤~⑥，分别激活 2、3、4 图层，并将 "L4.dat" 数据以散点形式绘入相应图层，结果如图 4-113 所示。

默认情况下，PAN4.OTP 模板给出的 4 层图分别有自己的 X、Y 轴坐标名称和刻度。然而在实际应用过程中，如此密集地放置在一起进行比较的图形往往有共同的 X、Y 坐标，因此应该尽量共用坐标名称，并消融各层图的间隙，使得图形简洁明快。

⑧ 单击 Layer 1 的【X Axes Title】选中之，按 $\boxed{\text{Del}}$ 键将其删除。

⑨ 用同样方法删除 Layer 2 的【X Axes Title】和【Y Axes Title】以及 Layer 4 的【Y Axes Title】。

⑩ 双击 Layer 1 的 X 轴，弹出【X Axis-Layer 1】对话框，如图 4-114 所示。

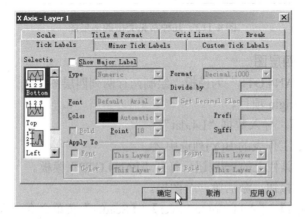

图 4-114　【X Axis-Layer 1】对话框

⑪ 单击【Tick Labels】选项卡，将【Show Major Label】复选项去掉，单击 确定 按钮。

⑫ 如此这般，分别去掉 Layer 2 之 X 轴、Y 轴以及 Layer 4 之 Y 轴的【Show Major Label】复选项。结果如图 4-115 所示。

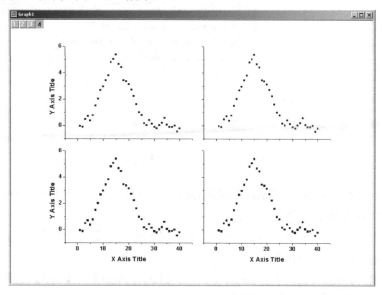

图 4-115　初步简化过的图形

经过这样一番处理，图形看起来简化多了。各层图之间的间隙默认值为 5%。下面我们将其去掉，使之成为一个整体。

⑬ 在 Layer 2 按钮上击右键，弹出快捷菜单，执行其中的【Layer Properties】菜单项，弹出【Plot Details】对话框，如图 4-116 所示。

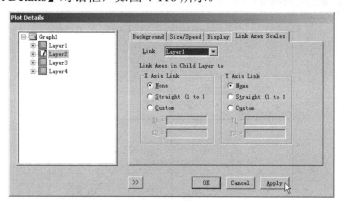

图 4-116　【Plot Details】对话框

⑭ 单击【Link Axes Scales】选项卡，在【Link】选项框选择【Layer 1】项，单击 Apply 按钮。

⑮ 单击【Size/Speed】选项卡，在【Unit】选项框中选择【% of Linked Layer】项，将【Layer Area】/【Left】选项改为"100"，如图 4-117 所示。

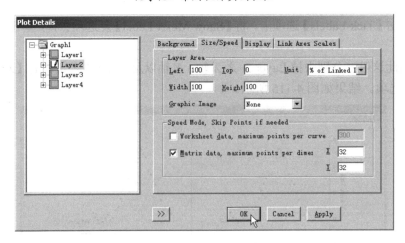

图 4-117 【Size/Speed】选项卡

经过圥、朮两步的设置，Layer 2 就和 Layer 1 关联起来了，图形大小与 Layer 1 相同（单位为%），仅左移了一个图形的位置。

⑯ 用同样方法将 Layer 3 与 Layer 1 关联，【Layer Area】/【Left】选项为"0"，【Layer Area】/【Top】选项为"100"。

⑰ 用同样方法将 Layer 4 与 Layer 1 关联，【Layer Area】/【Left】选项为"100"，【Layer Area】/【Top】选项为"100"。

⑱ 给 Layer 1 图层加上无刻度 Top 轴，给 Layer 2 图层加上无刻度 Top 轴和 Right 轴，给 Layer 4 图层加上无刻度 Right 轴。

⑲ 适当加大轴标题字符及刻度字符的字号，最终结果如图 4-118 所示。

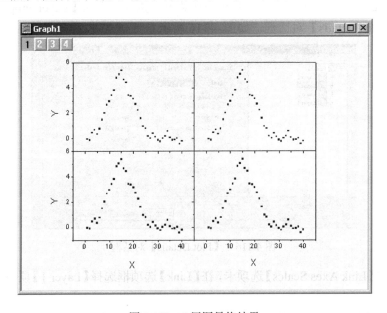

图 4-118　4 层图最终结果

⑳ 将项目文件存为"Panel4.OPJ"。

经过关联设置后，其他图层均与 Layer 1 关联起来。Layer 1 改变大小时，其他图层会同步改变，并保持相对位置不变。单击 Layer 1 的坐标轴，出现图形大小调节框，读者可以用鼠标拖动该调节框试试。

除了可以使用现有的模板之外，读者也可以定制多层图。

（2）定制多层图

① 选中数据，单击 按钮，绘制单层的散点图。

② 执行【Edit】/【Add & Arrange Layers】菜单命令，弹出【Total number of layers】对话框，如图 4-119 所示。

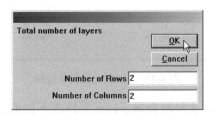

图 4-119　【Total number of layers】对话框

③ 在【Number of Rows】输入框中输入"2"，在【Number of Columns】输入框中输入"2"。

④ 单击 OK 按钮，弹出提示框，问询读者是否要多创建 3 个图层，如图 4-120 所示。

⑤ 单击 是(Y) 按钮，弹出【Spacings in % of Page Dimension】对话框，如图 4-121 所示。

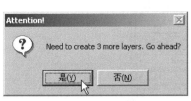

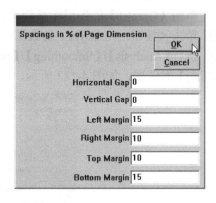

图 4-120　提示框　　　图 4-121　【Spacings in % of Page Dimension】对话框

图形间的水平间隙【Horizontal Gap】和垂直间隙【Vertical Gap】默认值均为 5（%）。

⑥ 将【Horizontal Gap】值改为"0"，将【Vertical Gap】值改为"0"。

⑦ 单击 OK 按钮，出现两行两列的 4 层图，最早绘制的数据在 Layer 1 上，如图 4-122 所示。

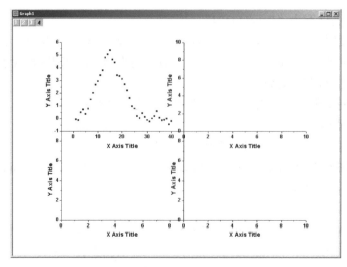

图 4-122　定制完成的 4 层图

下面就可以分别在各层上绘制数据了，必要情况下也可以设置图层间的关联。

4.4.13　数据平滑与滤波

通过灵敏仪器采集到的数据，难免会收到各种噪声的干扰。做数据处理操作之前，往往需要首先对数据进行平滑或滤波处理。Origin 提供了几种类型的平滑与滤波功能，如 Savitzky-Golay 平滑、Adjacent Averaging（相邻平均）、FFT 滤波器等。下面使用 Panel4.OPJ 项目文件进行平滑操作。本例将使用这 3 种平滑操作，并对其进行简单比较。

（1）数据平滑

① 打开"Panel4.OPJ"项目文件。

② 单击【Graph1】的图层 **1** 按钮将其激活。

③ 单击 按钮，将 Layer 1 的数据点变成点连线图。单击 **2** 图层按钮将其激活。

④ 执行【Analysis】/【Smoothing】/【Savitzky-Golay】菜单命令，弹出【Savitzky-Golay Smoothing】对话框，如图 4-123 所示。

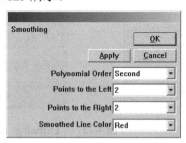

图 4-123　【Savitzky-Golay Smoothing】对话框

Savitzky-Golay Smoothing 方法是对数据点进行局部多元回归平滑。计算需要 3 个参数：Polynomial Order（多项式阶数，默认为 2，最大为 9，阶数越高越能保留原始数据特征）、Points to the Left（左侧点数）和 Points to the Right（右侧点数）。

⑤ 单击 OK 按钮，完成 Savitzky-Golay 平滑。单击 **3** 图层按钮将其激活。

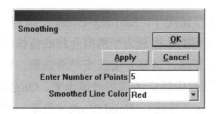

图 4-124　【Adjacent Averaging Smoothing】对话框

⑥ 执行【Analysis】/【Smoothing】/【Adjacent Averaging】菜单命令，弹出【Adjacent Averaging Smoothing】对话框，如图 4-124 所示。

Adjacent Averaging 方法对指定点数 n（即 Number of Points，默认为 5，越小越能保留原始数据特征）的相邻数据求平均，并将其作为平滑后的数据点值。

⑦ 单击 OK 按钮，完成 Adjacent Averaging 平滑。单击 4 图层按钮将其激活。

⑧ 执行【Analysis】/【Smoothing】/【FFT Filter】菜单命令，弹出【FFT Filter Smoothing】对话框，如图 4-125 所示。

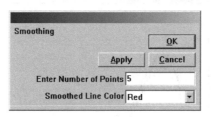

图 4-125　【FFT Filter Smoothing】对话框

此法首先对数据进行 FFT（快速傅里叶变换）操作，然后除去频率高于 1/n*delta 的高频成分，使得数据平滑起来。其中 n 为进行 FFT 的数据点数（即 Number of Points，默认为 5，越小越能保留原始数据特征）。

⑨ 单击 OK 按钮，完成 FFT Filter 平滑。最终结果如图 4-126 所示。

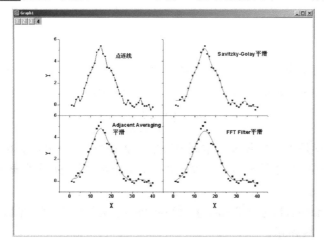

图 4-126　3 种方法平滑效果比较

可以看出，在使用默认值情况下，Savitzky-Golay 法最能保留原始数据特征，但所得曲线不够平滑，FFT 方法得到的数据最为平滑但会将峰值抹平，Adjacent Averaging 方法介于两者之间。3 种方法均能通过调整 n 值改变平滑效果，可根据具体情况选用。

使用数字 FFT 可以把信号中特定的频率过滤出来。Origin 提供了 Low Pass（低通）、High Pass（高通）、Band Pass（带通）、Band Block（带阻）、Threshold（门限）滤波器。

低通滤波器可以让特定频率的信号通过，这样可以消除信号中的高频成分。反之高通滤波器则可以消除信号中的低频成分。带通滤波器可以让某段频率的信号通过，过滤掉除此之外的其他频率。反之，带阻滤波器则阻止某段频率的信号通过，保留除此之外的其他频率。门限滤波器用来消除特定门槛值以下的频率。

（2）低通滤波

① 新建一个 Origin 项目。单击 📇 按钮，导入数据 "Lowpass.dat"。

② 单击 ╱ 按钮，绘制线图，如图 4-127 所示。

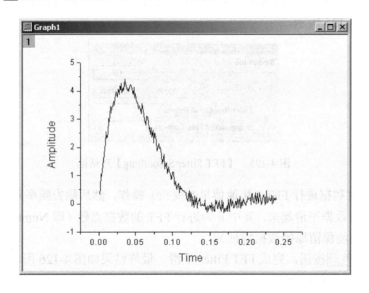

图 4-127　带有噪声的信号

这是一段带有噪声的信号。噪声的频率比信号频率高许多。使用低通滤波器就可以将噪声过滤掉。Origin 会根据数据给出默认截止频率 F_c。

$$F_c = 10\frac{1}{Period}$$

式中，$Period$ 是 X 列的长度。本例中数据为 240 个（X 从 0.001~0.240），作 FFT 处理所用数据总数必须是 2 的整数倍，因此要补 0~0.256（共 256 个数据）。因此默认截止频率为 40Hz。

③ 执行【Analysis】/【FFT Filter】/【Low Pass】菜单命令，弹出【Frequency Cutoff】对话框，如图 4-128 所示。

④ 单击 ⬚ OK ⬚ 按钮，开始 FFT 处理并进行低通滤波，结果如图 4-129 所示。

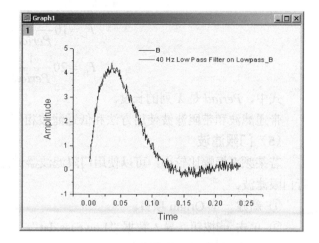

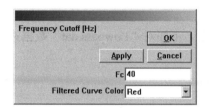

图 4-128　【Frequency Cutoff】对话框　　　　图 4-129　低通滤波后的结果图

可以看出，信号频率基本在 40Hz 以下，设定截止频率为 40Hz 完全可以使信号通过，并有效地除去噪声干扰。

（3）高通滤波

Origin 默认的高通滤波器截止频率与低通滤波器截至频率的计算方法一样，也是 40Hz。用此截止频率对本例数据进行高通滤波，可将低于 40Hz 的信号去除，结果仅剩下噪声信号，如图 4-130 所示。

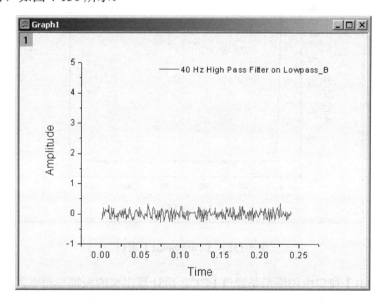

图 4-130　高通滤波后的效果

（4）带通和带阻滤波

带通和带阻滤波需要给出下限截止频率 F_L 和上限截止频率 F_H。Origin 默认计算方法为：

$$F_L = 10\frac{1}{Period}$$

$$F_H = 20\frac{1}{Period}$$

式中，*Period* 是 *X* 列的长度。

带通滤波和带阻滤波使用方法和低通滤波相似，这里就不详细介绍了。

（5）门限滤波

若某频率振幅比较小，可以使用门限滤波器过滤之。下面对"Lowpass.dat"数据进行门限滤波。

① 新建一个 Origin 项目。

② 单击 ⊞ 按钮，导入数据"Lowpass.dat"。

③ 单击 ／ 按钮，绘制线图。

④ 执行【Analysis】/【FFT Filter】/【Threshold】菜单命令，弹出【Threshold1】窗口，如图 4-131 所示。

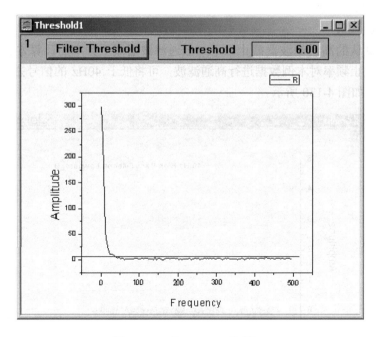

图 4-131 【Threshold1】窗口

【Threshold1】窗口中的图形是经过 FFT 之后计算出来的振幅与频率之间的关系，从中可以看出高频成分的振幅都很小。图中还有一条可以上下移动的直线，是用来确定门槛值的。门槛值也可以在【Threshold】输入框中输入。本例中噪声信号的振幅基本在 6 以下。

⑤ 在【Threshold】中输入"6"。单击 Filter Threshold 按钮开始门限滤波，结果如图 4-132 所示。

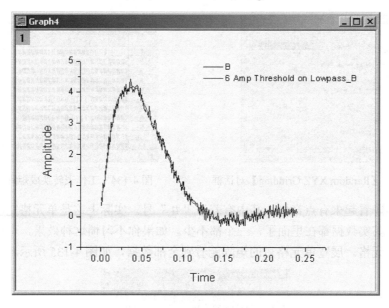

图 4-132　门限滤波后的结果

读者可以在"C:\Program Files\OriginLab\OriginPro70\Samples\Analysis\FFT"文件夹中找到与 FFT 相关的例子，可供进一步学习使用。

4.5　3D 绘图实例

钛酸钡是一种典型的铁电材料，其介电系数随着测试频率和温度的不同而不同。若以介电系数、频率、温度为变量作图，可直观展示三者之间的关系。下面以钛酸钡介电温度频谱为例简介 Origin 3D 绘图方法。

4.5.1　工作表转换为矩阵

Origin 支持 3 种数据类型的三维绘图功能：XYY 工作表数据、XYZ 工作表数据、矩阵数据，但三维表面图和等高图只能由 Matrix（矩阵）数据创建，因此首先需要把工作表中的 XYZ 数据转换为矩阵数据。

工作表转换为矩阵的操作步骤如下：

① 新建一个 Origin 项目。

② 单击　按钮，导入数据"Real.dat"。

③ 在 C(Y)列标题上单击鼠标右键，弹出快捷菜单，执行【Set As】/【Z】菜单命令，将此列设为 C(Z)。

④ 执行【Edit】/【Convert to Matrix】/【Random XYZ】菜单命令，弹出【Random XYZ Gridding】对话框，如图 4-133 所示。

⑤ 【Select Gridding Method】选项使用【Renka-Cline】，将【Show Plot】复选框中的对号去掉，单击　OK　按钮，将工作表转换成矩阵，如图 4-134 所示。

图 4-133 【Random XYZ Gridding】对话框

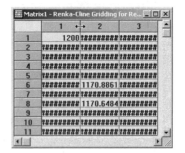

图 4-134 工作表转换成矩阵

这个矩阵看起来有点奇怪，其中有若干"#"号。实际上这是单元格宽度不够所导致的现象，其实数据都在里面了，一个都不少。如果你不习惯这种效果，可用鼠标拖动隔线展宽单元格。展宽单元格后的矩阵能看到全部数据，如图 4-135 所示。

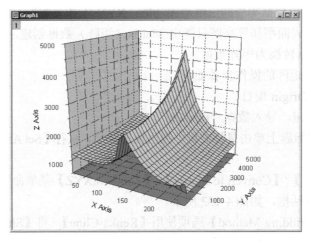

图 4-135 展宽单元格后的矩阵

4.5.2 三维表面图

接第 4.5.1 节的操作。

① 执行【Plot】/【3D Color Fill Surface】菜单命令，绘制 3D 表面图，如图 4-136 所示。

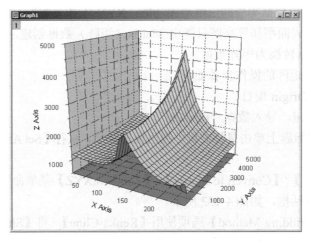

图 4-136 3D 表面图

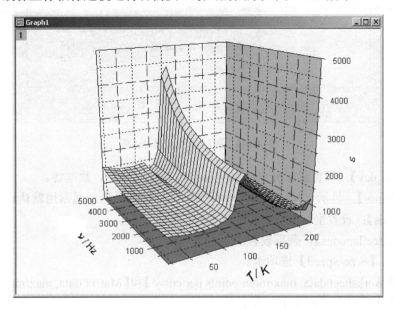

图 4-137　3D 工具栏

在出现 3D 图形的同时，Origin 会自动启动 3D 工具栏，其中有若干图形旋转按钮，如图 4-137 所示。

单击这些按钮就可以将图形旋转一定的角度。读者可以组合使用这些按钮，将 3D 图形旋转至最有代表性的观察角度。

② 单击 按钮旋转图形。

③ 修改各坐标轴标题使之符合需要。最终的图形如图 4-138 所示。

图 4-138　最终的频谱图形

4.5.3　图层属性设置

可以通过设置图层属性，改变 3D 图形的背景、大小、显示速度、显示外观，进行坐标轴与坐标平面的设置等。

设置图层属性的操作步骤如下：

① 按第 4.5.2 节的操作。

② 在 1 图层按钮上击右键，弹出快捷菜单，选中【Layer Properties】菜单项，弹出【Plot Details】对话框，如图 4-139 所示。

【Plot Details】对话框已经是我们很熟悉的了，包含了所有图形属性的设置。双击图中曲线就可以弹出这个对话框。只不过会直接进入曲线属性设置。这里有多个选项卡。

- 【Background】：设置背景颜色和边缘。默认值为【None】。
- 【Size/Speed】：设置图形尺寸和速度。图形以页面大小的百分比表示。为了提高 3D

图形的显示速度，Origin 默认每条曲线的工作表数据不能超过"300"，矩阵数据中，每维不超过"32"，超过默认值的点将被忽略。由于现在的计算机都足够快，用户可以酌情提高【Worksheet data, maximum points per curve】和【Matrix data, maximum points per dimension】值，或者干脆去掉前面的复选框。

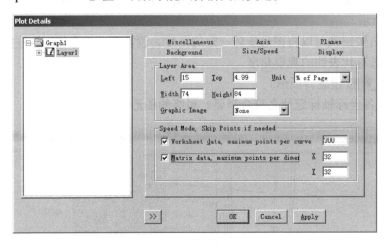

图 4-139　图层属性设置对话框

- 【Display】：设置显示元素，如坐标尺度、轴、标签、数据等。
- 【Planes】：显示 *XY*、*YZ*、*ZX* 坐标平面，可设置颜色。通常用默认设置即可。
- 【Axis】：设置坐标轴。
- 【Miscellaneous】：杂项设置。

③ 单击【Size/Speed】选项卡。

④ 将【Worksheet data, maximum points per curve】和【Matrix data, maximum points per dimension】前面的复选框中的对号去掉。

⑤ 单击 OK 按钮。

经过此番设置后，表面图的网格密集了很多，旋转起来也会慢一些。

4.5.4　其他 3D 图形

Origin 提供了多种 3D 图形绘图模式，前面我们讲了表面图。现在假定已经有了矩阵数据并激活之，来看看 Plot 菜单中还有哪些 3D 图形模板可供使用。Plot 菜单中可用于 3D 图形绘制的命令如表 4-4 所示。

表 4-4　3D 绘图命令

菜 单 命 令	含　义	模 板 文 件
3D Color Fill Surface	三维彩色填充表面图	MESH.OTP
3D X Constant with Base	三维 *X* 恒定、有基底表面图	XCONST.OTP
3D Y Constant with Base	三维 *Y* 恒定、有基底表面图	YCONST.OTP
3D Color Map Surface	三维彩色映射表面图	CMAP.OTP
3D Bars	三维条形表面图	3DBARS.OTP

续表

菜 单 命 令	含 义	模 板 文 件
3D Wire Frame	三维线框架面图	WIREFRM.OTP
3D Wire Surface	三维线条表面图	WIREFACE.OTP
Contour-Color Fill	彩色填充等高线图	CONTOUR.OTP
Contour-B/W Lines+Labels	黑白线条、具有数字标记的等高线图	CONTLINE.OTP
Gray Scale Map	灰度映射等高线图	CONTOUR.OTP

用户可以根据需要选择 3D 绘图模板。其中比较常用的是三维彩色填充表面图以及等高线图等。

Origin 功能强大，限于篇幅，本章不可能涉及 Origin 的方方面面。打算详细了解 Origin 的读者可以阅读专门讲解 Origin 的书籍。

4.6 小结

数据处理是化学、化工工作者需要面临的重要问题。本章首先简介了 Origin 的基本功能和用法，通过大量实例学习了常见数据的处理和 2D 图形绘制方法，最后还介绍了几个 3D 数据和图形的处理过程。通过研究这些实例，读者不仅能学会常见数据的处理方法，还能迅速掌握 Origin 的用法，做到举一反三，融会贯通。

第5章 绘制示意图软件 Visio

化学化工工作者要表达自己的想法，如写研究论文、设计工艺流程、设备工作原理、厂区、办公室平面布置等，固然可以使用纯文字进行描述。但如果配合示意图来表述，则会收到事半功倍的效果。一方面，示意图不仅可以明确表达作者的意愿，表达出难以用文字描述的内容；另一方面，读者理解配有示意图的内容也要比读纯文字容易得多，可谓一图胜千字。

虽然可以使用专业的绘图软件，如 AutoCAD 等绘制示意图，但这类软件太专业化了，需要较多的相关知识做基础，学习起来比较费时费力。因此我们需要一种易学易用的、绘图效果又非常专业的软件，以便我们把主要精力用在构思与创意上，而不是花费在学习软件的使用上。符合这个要求的软件就是 Visio。

Visio 是一种可以将构思迅速转换成图形的流程视觉化应用软件，是众多绘图软件中将易用性和专业性结合得最好的一个软件。只需几分钟就能学会基本绘图，稍加学习就能得到相当专业的输出效果。从前需要几个工作日才能完成的图表，现在只需要动动鼠标拖曳形状，轻轻松松几个步骤就能实现。

Visio 于 2000 年被微软以 15 亿美元巨资收购于旗下，现在 Visio 已经成为 Office 的一个组成部分，由此可见微软公司其对重视程度。Visio 正风靡全世界，在同类产品中 Visio 排名已列世界第一位。

本章我们首先简介 Visio，之后介绍 Visio 的界面、菜单、工具栏、模板、模具等。在后面几节中将介绍文件、页面、基本绘图等操作，最后是本章的重点，以应用实例学习 Visio。

5.1 Visio 功能简介

本章所用的 Visio 版本为 Visio 2003 专业版。Visio 2003 可以和 Office 系列软件以及 AutoCAD 等目前流行的软件完全兼容，实现数据共享，极大地提高了用户绘图兴趣与效率。Visio 具有许多特点，分别简介如下。

- Visio 拥有丰富的绘图类型。

  其中共包含了 16 种绘图类别，分别是 Web 图表、地图、电气工程、工艺工程、机械工程、建筑设计图、框图、灵感触发、流程图、软件、数据库、图表和图形、网络、项目日程、业务近程、组织结构图等。化学化工中用得较多的是工艺工程、流程图、地图等类型。

- Visio 拥有直观的绘图方式。

不论是制作一幅简单的流程图还是制作一幅非常详细的技术图纸，都可以通过用鼠标拖曳 Visio 提供的形状轻易地组合出来，再加上边框、背景和颜色方案，一幅相当专业的图形就绘制完成了。

- 和 Microsoft 其他软件无缝集成。

作为 Microsoft Office 家族的成员，在 Office 文档中插入 Visio 图表后，可以在适当的位置对其进行修订和更新。Visio 的工具、菜单以及图形都可以从 Office 内部进行访问，甚至从一个 Office 文档内部启动 Visio 来创建一个新图表。Visio 还可以将存储在图形中的数据自动地创建报表和材料清单。这些数据可以输出到 Word、Excel 或 Access 程序中，让看图表的人可以掌握图表数据，进行进一步的分析。

- 可动态生成数据图表。

Visio 可以通过与 Office 文档链接，读取存储在文档中的相应数据，并自动地生成图表，把数据可视化。比方把存储在 Excel 电子表格中雇员联系方式的数据转换到组织图中。此外，Visio 还能生成网络图、数据库图、软件图和其他更多的图表，这需要连接到公司网络、Microsoft SQL Server, Microsoft Visual Studio, Microsoft Exchange Server 以及其他数据源。Visio 还可以链接到数据库，能够根据定制的属性构造出图形。

- 强大的 Web 发布功能。

可以把制作出来的 Visio 文档保存为网页。在保存为网页时，如果在 Visio 图表中嵌入了超级链接，它也会被保留下来，即使在单个的图形中制作的多个超链接热区也不会丢失。Visio 图形基于矢量技术，放大不但不会失真，反而更加清晰。可以利用 Visio 制作高难度的网页。

- 用户自定义的功能。

Visio 拥有了全新的 XML 文件格式，提供了与其他支持 XML 应用程序的互用性，促进了基于图表信息（包括与页面或形状无关的数据）的存储和交换。Visio 拥有独有的 VBA 项目的数字签名，以确保资料的可信度。Visio 增加了扩展的对象模型，90 多种新的"自动化"属性和方法使我们可以访问更多的 Visio 图表数据。Visio 内置 VBA 6.3，也支持 COM 加载项，可以通过编程扩展并增强 Visio 功能，并为应用程序的开发提供了更大的灵活性。

5.2　初识 Visio

本节我们首先认识一下 Visio 的主界面、菜单、工具栏、模具与模板等内容。

5.2.1　主界面

启动 Visio 2003 后，首先出现选择绘图类型画面，如图 5-1 所示。

窗口中部左侧【选择绘图类型】栏有 16 种类型可供选择。Visio 提供的丰富绘图类型几乎囊括了需要绘图的各个方面，并为每种绘图类型提供了多种模板，单击模板就可以进入 Visio 主界面。Visio 主界面如图 5-2 所示。

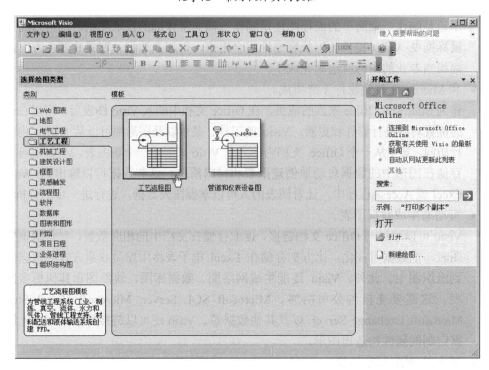

图 5-1　选择绘图类型

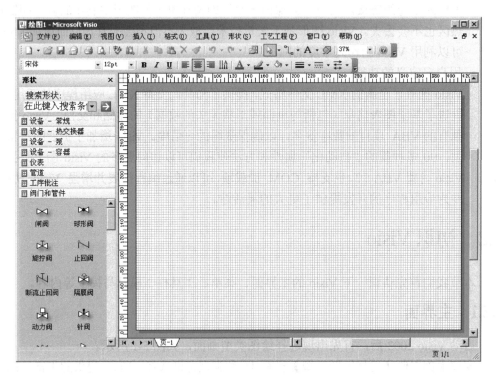

图 5-2　Visio 主界面

5.2.2　菜单栏

除了常见的【文件】、【编辑】、【视图】、【窗口】、【帮助】菜单命令之外，还有如下一些 Visio 特有菜单。

- 【插入】菜单：用来插入【新建页】、【字段】、【符号】、【注释】等，也可以用来插入【图片】、【对象】（如公式编辑器）、【CAD 绘图】、【控件】、【超链接】等。
- 【格式】菜单：这里面菜单命令很多，皆与文本、图形、图层、样式等格式有关。
- 【形状】菜单：用来操作图形，因而使用频率较高。计有【自定义属性】、【组合】、【顺序】、【旋转或翻转】、【操作】、【对齐形状】、【分配形状】、【连接形状】、【排放形状】、【绘图居中】、【动作】等菜单命令，其中一些菜单命令还拥有子菜单。
- 【工具】菜单：包括【拼写检查】、【信息检索】等内容，【对齐和粘附】、【标尺和网络】、【调色板】等也在此菜单中。【宏】、【加载项】、【自定义】和【选项】等也是【工具】菜单的重要内容。

5.2.3　工具栏

虽然菜单中拥有全部功能，但使用工具栏能提高工作效率。Visio 默认打开如下一些工具栏。

- 常用工具栏如图 5-3 所示。

图 5-3　常用工具栏

常用工具栏除了常见的文件操作和编辑工具之外，还有一些 Visio 特有的工具，如 ![指针] （指针工具）、![连接线] （连接线工具）、![文本] （文本工具）、![绘图] （绘图工具）以及缩放比例等。

- 格式工具栏如图 5-4 所示。

图 5-4　格式工具栏

除了常用的字体、字号、粗体字、斜体字、下划线字之外，这里还包括文字对齐方式工具，其中 ![竖排] 工具是用来竖排文字的。![A]、![线条]、![填充] 工具分别用来设定文字颜色、线条颜色和填充颜色。工具栏最右侧有 3 个工具：![线条粗细] 用来设定线条粗细，![线条类型] 用来设定线条的类型，![箭头] 用来设定线条是否有箭头以及有怎样的箭头。这些都是常用的绘图工具。

- 设置文字格式工具栏如图 5-5 所示。

这个工具栏用来设置文字样式、增大字号、缩小字号、删除线、小型大写字母、

图 5-5　设置文字格式工具栏

图 5-6　设置形状格式工具栏

上标字符、下标字符、对齐方式、项目符号、段落缩进等。

- 设置形状格式工具栏如图 5-6 所示。
  这个工具栏包括线条样式、填充样式、图层、圆角、透明度、填充图案、阴影颜色等工具，是常用的处理图形、图层与填充的工具。

Visio 默认打开的工具栏很有限，如果想打开更多工具栏，或者关闭现有的工具栏，可执行【工具】/【自定义】命令，弹出【自定义】对话框。其工具栏选项卡如图 5-7 所示。

在自定义对话框中除了可以设置工具栏之外，还可以设置命令、选项等。

- 建议把【绘图】工具栏打开，绘图工具栏如图 5-8 所示。
  【绘图】工具栏包括【矩形工具】、【椭圆型工具】、【线条工具】、【弧形工具】、【自由绘制工具】和【铅笔工具】等，都是常用的绘图工具。

【动作】工具栏（有些 Visio 版本称之为【操作】工具栏）也是较为常用的，建议将其打开备用。

在工具栏区域单击鼠标右键，弹出有关工具栏的快捷菜单，如图 5-9 所示。

图 5-7　自定义工具栏　　　　图 5-8　绘图工具栏　　　图 5-9　快捷菜单

在这里可以很方便地打开所需工具栏或关闭不再使用的工具栏。

5.2.4　形状、模具与模板

首先了解一下形状、模具和模板。

形状（图件）是 Visio 提供的各式各样的绘图基本模块。将这些形状拖到绘图页上，就可以添加出图形。形状可以反复使用。

模具是一些相关形状的集合，是特定的 Visio 绘图类型。"阀门和管件"模具及其所包含的形状如图 5-10 所示。

模板包括模具、样式、设置和工具，是为特定绘图任务而组织起来的一系列主控图形的集合。例如，打开流程图模板时，会打开一个绘图页和包含流程图形状的模具。模板还包含用于创建流程图的工具（例如为形状编号的工具）以及适当的样式（例如箭头）等。

Visio 启动时会让用户选择一种绘图形状和模板，打开模板时会同时打开与之相关的模具。如果绘图过程中需要使用其他形状的模具，可以执行【文件】/【形状】菜单命令，出现【形状】子菜单，Visio 全部 16 类形状都包括在这里。【形状】子菜单如图 5-11 所示。

图 5-10 模具与形状

图 5-11 【形状】子菜单

5.3 基本文件与页面操作

本节简介 Visio 文件新建、保存与打开操作，并简介页面设置和标尺、网格的使用。

5.3.1 文件操作

（1）新建绘图文件

Visio 启动时会让用户选择一种绘图形状和模板。如果 Visio 启动后又想建立新的绘图文件，可以使用【文件】/【新建】菜单命令，打开自己感兴趣的绘图模板。

单击常用工具栏上的新建工具 右侧的下拉按钮，也可以选择形状与模板。

（2）保存绘图文件

Visio 文件绘制完成后，若该文件从未保存过，可以执行【文件】/【另存为】菜单命令，弹出【保存为】对话框，将其保存为 Visio 文件，默认的扩展名为".vsd"。另存文件时需要输入文件名。

除了".vsd"格式的文件外，Visio 图形还可以保存为多种形式，如各种格式的图形文件（bmp, tif, jpg 等）、AutoCAD 绘图或网页文件等。需要保存的文件类型可以在【另存为】对话框的【保存类型】下拉选项框中选择。

如果文件已经保存过了，可执行【文件】/【保存】菜单命令，或单击常用工具栏上的工具将修改后的文件保存起来。

（3）打开绘图文件

执行【文件】/【打开】菜单命令，或单击常用工具栏上的工具，可弹出【打开】对话框。默认打开的文件类型为".vsd"格式。Visio 还可以打开模板、模具、图形文件和 AutoCAD 文件等。需要打开的文件类型可以在【打开】对话框的【文件类型】下拉选项框中选择。

5.3.2 设置页面

（1）插入新页

一个 Visio 文件可以包括多个页面。选择模板新建一个绘图文件后，Visio 会自动生成一个绘图页，页面标签名为"页-1"（显示在绘图窗口的左下方）。在"页-1"标签上单击右键，弹出快捷菜单，如图 5-12 所示。

除了【插入页】之外，这个快捷菜单还能进行【删除页】、【重命名页】以及【重新排序页】操作。

单击【插入页】菜单命令，弹出【页面设置】对话框，如图 5-13 所示。

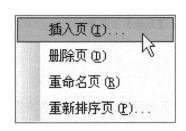

图 5-12 插入新页

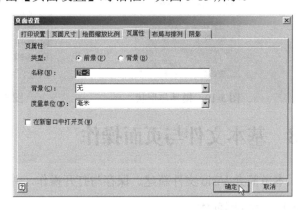

图 5-13 【页面设置】对话框

在这个对话框中可以设置【打印设置】、【页面尺寸】、【绘图缩放比例】、【页属性】、【布局与排列】、【阴影】等页属性。单击 **确定** 按钮即可插入新绘图页。

执行【插入】/【新建页】菜单命令，也可以达到同样的效果。

（2）设置绘图页面

执行【文件】/【页面设置】菜单命令，弹出【页面设置】对话框，如图 5-14 所示。

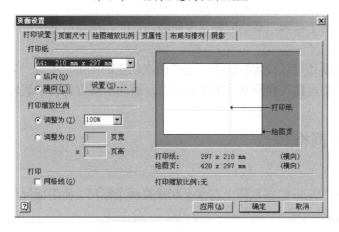

图 5-14 【页面设置】对话框

在【打印设置】选项卡中，默认打印纸与打印机的设置是一样的，默认打印方向为【纵向】（如果需要的话可以改成【横向】）。

在【页面尺寸】选项卡中，Visio 给出的【预定义的大小】随模板不同而不同。必要时可选择【与打印机纸张大小相同】单选项。

（3）旋转页面

使用旋转页面会带来一些特殊效果，可以轻松创建与页面或其他图形走向成一定角度的图形，比如规划图。厂区的地理环境可能并非面南背北，四四方方的，然而建筑物则通常需要面南背北排列。这时就需要把纸张旋转一下。按住 Ctrl 键，用鼠标拖动页脚就可以旋转页面。如图 5-15 所示。

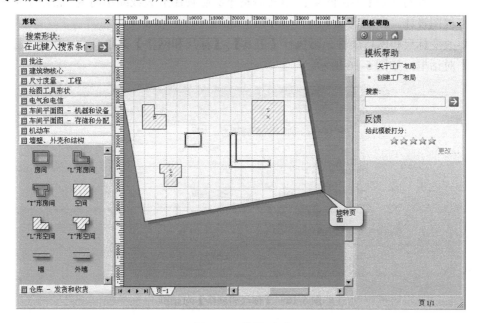

图 5-15 旋转页面

拖动左侧的两个页脚，最小旋转角度间隔为 10°。拖动右侧的两个页脚，最小旋转角度间隔为 15°。

旋转过的页面还可以再旋转回来，这样两次创建的图形就会成一定角度。

页面旋转之后，标尺和网格并不跟着改变，因此绘图方式和未旋转时一样。页面旋转也不影响打印。

5.3.3　标尺与网格

（1）标尺

默认情况下，Visio 绘图页面上有水平和垂直两个标尺。使用标尺可以精确定位图的大小和所在位置。

执行【视图】/【标尺】菜单命令，可以打开或关闭标尺。

标尺的零点通常在页面的左下角。若想改变标尺零点，可按照如下方法设置。

将鼠标移动到水平标尺和垂直标尺交界处（左上角），鼠标变成十字型。按住 Ctrl 键，拖动鼠标到页面上特定位置，松开鼠标即可完成标尺零点设置。

若要恢复 Visio 的默认设置，可在水平标尺和垂直标尺交界处双击鼠标恢复标尺零点。

（2）网格

网格可以帮助用户确定图形位置并对齐图形。Visio 默认网格是【可变网格】，这种网格会随着视图的缩放比例而变，网格间距会随视图放大而减小，随视图缩小而变大，便于用户调整图形。

另外一种网格是【固定网格】。这种网格不会随视图放大或缩小而变，常用于空间规划和工程图设计。

要改变标尺和网格属性，可执行【工具】/【标尺和网格】菜单命令，弹出【标尺和网格】对话框，如图 5-16 所示。

图 5-16　【标尺和网格】对话框

这里可以设置标尺的细分线，即有【精细】、【正常】、【粗糙】3 种选择。在网格设置中，网格间距有【精细】、【正常】、【粗糙】、【固定】几种选项。

5.3.4　背景页

Visio 绘图至少包括一个前景页，也可以拥有一个或多个背景页。背景页出现在其他页面之后。可以将一个背景页（如公司的标志等）分配给多个背景页，使各图形风格统一起来。适当运用背景页，会使图形显得美观且专业。

执行【文件】/【形状】/【其他 Visio 方案】/【背景】菜单命令，可打开背景模具。将选中的背景形状拖到绘图页上，Visio 即可将背景分配给该前景页，并自动完成背景页的添加。

若要删除背景页，必须首先解除背景页对前景页的分配关系，否则会出现如图 5-17 所示的警告窗口。

图 5-17　警告窗口

执行【文件】/【页面设置】菜单命令，弹出【页面设置】对话框，单击【页属性】选项卡，如图 5-18 所示。

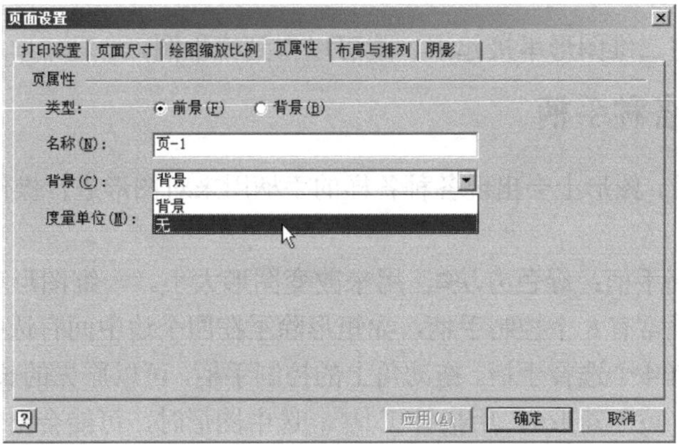

图 5-18　【页属性】选项卡

单击【背景】下拉选项框，选择"无"。单击　确定　按钮，即可解除背景对前景的分配。之后就可以在背景页标签上击右键删除该页了。

当有多个背景页存在时，同样是在【页面设置】/【页属性】/【背景】中给前景页分配背景页。

Visio 绘制的前景页也可以转换为背景页，可在【页面设置】/【页属性】/【类型】单选项中选择。

5.4　基本图形操作

在介绍 Visio 基本图形操作之前，首先介绍一下 Visio 基本图形分类以及各种图形手柄。

在绘图过程中，如果因为操作失误而破坏了图形，只需单击 按钮撤消上一个操作（在【编辑】菜单中，单击【撤消】命令即可）。

5.4.1 基本图形

Visio 图形分为一维图形（1D）和二维图形（2D）两种。

一维图形是线条和箭头等线性图形，有起点和终点。

二维图形具有两个维度，通常有 8 个控制手柄，能在两维方向上改变大小，且没有起点和终点。

一维图形和二维图形如图 5-19 所示。

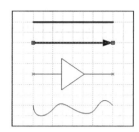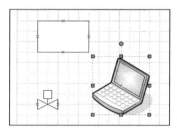

图 5-19　一维图形和二维图形

用一维图形将二维图形串接起来，就可以得到流程图。

5.4.2 图形的各种手柄

选中图形之后，图形上会出现各种各样的手柄用来对图形进行操作。Visio 的图形手柄有如下 8 种。

- 端点和选择手柄：绿色方块■，用来改变图形大小。一维图形有两个选择手柄，二维图形通常有 8 个控制手柄，如矩形除了在四个边中间有选择手柄之外，在四个角上还有 4 个选择手柄。拖动角上的控制手柄，可以原先的长宽比例缩放图形。
- 控制手柄：黄色菱形◇，用指针工具 ⬚ 选中图形时，可能会出现控制手柄。控制手柄用来改变图形形状。将鼠标在控制手柄上停留片刻，会弹出动态帮助信息，说明此控制手柄的功能。
- 控制点：绿色圆圈⊛，使用【绘图】工具栏中的铅笔工具 ✎ 选中图形时，在图形的线段部分会出现绿色圆圈控制点。用鼠标选中控制点使其变成红色，拖动之可将直线变成弧线。如用【绘图】工具栏中的自由绘制工具绘制波浪线时，若初次绘制出来的曲线不合要求，可用控制点修正。
- 旋转手柄：绿色圆点◉，选中图形后，旋转手柄出现在图形顶端。将鼠标置于旋转手柄上，鼠标变成圆圈状 ↻，同时在图形中心位置出现内有加号标记的圆圈，即旋转中心。按住鼠标左键拖动图形，即可使图形围绕旋转中心旋转。旋转手柄和旋转中心如图 5-20 所示。

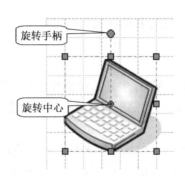

图 5-20　旋转手柄和旋转中心

- 连接点：以×号表示。可用连接线将图形的连接点连起来。Visio 为图形提供了默认连接点。若需要增加连接点的话，可以【常用】工具栏中的连接点工具 ⊠（若看不到此工具，可单击连接线工具 ⤵ 右侧的下拉按钮），在需要增加连接点的地方按下 Ctrl 键同时单击鼠标，即可增加一个连接点。若要删除连接点，可选中之（变成红色），然后按 Del 键删除。

- 顶点：使用【绘图】工具栏中的 ╱ ⌒ ∿ ✎ 等工具时，可以看到图形的顶点。单击顶点变成紫色，用鼠标拖动之即可改变形状。

- 离心率手柄：使用【绘图】工具栏中的 ✎ 工具单击带有弧线的图形时，会出现紫色的离心率手柄。拖动此手柄可以改变弧度。

- 锁定手柄：如果单击图形后，图形四周出现灰色方块手柄，说明图形处于锁定状态。锁定后的图形不能进行特定的编辑修改，如翻转、旋转、调整大小等。

5.4.3　绘制图形

Visio 提供了种类繁多的形状。一般情况下通过拖动形状至绘图页，然后再用必要的连接线将它们连接起来就可以完成绘图工作。但有时需要创建个性化的形状或需要对已有形状进行修改，这就需要使用【绘图】工具。

如果用户看不到【绘图】工具栏，可执行【视图】/【工具栏】/【绘图】菜单命令，将其显示出来。下面简介这几种常用绘图工具的使用方法。

- 矩形工具 ▢：用来绘制矩形。使用此工具沿着 45°角拖动时（会出现一条虚线）或按住 Shift 键拖动时，得到的是正方形。

- 椭圆形工具 ◯：用来绘制椭圆型。使用此工具沿着 45°角拖动时（会出现一条虚线）或按住 Shift 键拖动时，得到的是正圆形。

- 线条工具 ╱：用来绘制直线。若按住 Shift 键拖动鼠标，则可得到水平、垂直或具有 45°角的直线。

- 弧线工具 ⌒：用来绘制椭圆弧，有别于铅笔工具绘制的圆弧。

- 铅笔工具 ✎：用来绘制直线或圆弧。按住 Shift 键拖动鼠标时，得到的是水平、垂直或具有 45°角的直线。

- 自由绘制工具 ∿：用来绘制波浪线。拖动鼠标在所需方向上移动即可绘制出来。

波浪线上有许多手柄，通过移动这些手柄可以进一步修改波浪线的形状。

5.4.4 复制形状

Visio 复制形状的方法和其他程序中复制对象的方法一样：单击形状，执行【编辑】/【复制】菜单命令即可完成复制。粘贴形状时执行【编辑】/【粘贴】菜单命令即可将形状或文本粘贴在绘图页的中央。

推荐使用快捷方式复制形状，此法复制和粘贴同时进行，同时还能控制所粘贴形状的位置。选中想要复制的形状，再按住 Ctrl 键，这时鼠标右上方出现一个加号（如果没有出现加号，可以在图上移动一下鼠标位置，直到出现加号为止）。按住鼠标左键拖动形状即可。完成复制后，首先松开鼠标按键，然后松开 Ctrl 键。如果在松开鼠标按键之前先松开 Ctrl 键，结果将是移动形状而不是复制形状。

5.4.5 删除形状

删除形状很容易。只需单击选中形状，然后按 Del 键即可删除。

在形状上击右键，弹出快捷菜单，选择其中的【剪切】菜单命令也可完成删除工作。

切记不能将形状拖回到【形状】窗口中的模具上进行删除。

5.4.6 查找形状

Visio 分类存放了各种形状，用户可按照分类打开所需形状，也可以使用【搜索形状】功能在计算机和网上搜索特定形状。

（1）打开一个模具

可以执行【文件】/【形状】菜单命令，出现【形状】子菜单，选择打开 Visio 提供的全部 16 类形状。也可以单击【常用】工具栏新建工具 右侧的下拉按钮，选择其中的形状。

（2）搜索需要的特定形状

可以使用【搜索形状】功能在计算机上或网上搜索特定的形状。在【形状】窗口的【搜索形状】框中输入形状名称或关键字查找，找到所需形状后，将其从【形状】窗口拖到绘图页上即可。

5.4.7 移动图形

（1）移动一个形状

移动形状很容易：只需使用 工具，单击任意形状选择它，将 工具放置在形状中心位置上，指针下将显示一个四向箭头，表示可以移动此形状。然后将它拖到新的位置。单击形状时将显示选择手柄。

不必一定要将 工具放置在形状的正中心，但这样做是有好处的，因为这样可以防止无意中拖动形状手柄而调整了形状的大小。

（2）微调形状位置

可以单击某个形状，然后按键盘上的 ←、↑、→、↓ 移动光标键来移动该形状。

要使形状以较小的距离移动，可按住 Shift 键再按移动光标键。

（3）移动多个形状

使用 工具，拖动一个选择矩形框，将要移动的形状包括其中，或在按下 Shift 键的同时单击各个形状选中它们。将 工具放置在选定形状的中心，指针下将显示一个四向箭头，表示可以移动这些形状。拖动鼠标移动选择的形状。

还可以通过单击 工具旁边的下拉箭头，然后使用【区域选择】或【套索选择】工具来选择多个形状，或单击【多重选择】来选择多个形状，如图 5-21 所示。

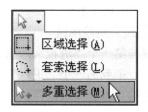

图 5-21　各种选择工具

注意，如果通过【多重选择】来选择多个形状，请务必在使用后再次单击【多重选择】选项关闭之。

5.4.8　调整形状的大小

可以通过拖动形状的角、边或底部的选择手柄来调整形状的大小。

（1）调整一个形状

首先使用 工具，单击要调整的形状选中之。

将 工具放置在角选择手柄上，指针将变成一个双向箭头，表示可以调整该形状的大小。将选择手柄向外拖动可扩大形状，向里拖动可减小形状。

（2）一次调整多个形状

按住 Shift 键，使用 工具逐一选择所有想要调整大小的形状，然后拖动包围所有形状的绿色选择矩形上显示的某个选择手柄调整这些形状的大小。

5.4.9　连接形状

将一维形状附加或黏附到二维形状来创建连接。作法很简单，直接使用 （连接线）工具将两个形状的连接点连接起来。连接线的种类很多，一些特殊要求的连接线可以在模具中寻找。

使用连接线连接形状有一个优点，即移动形状时连接线会保持黏附状态。例如，移动与另一个形状相连的流程图形状时，连接线会调整位置，自动重排或弯曲，以保持其端点与两个形状都黏附。

初学者通常使用 （线条）工具来连接形状。使用 工具连接形状时，连接线不会重排。

（1）使用"连接线"工具连接形状

① 单击 工具。

② 将 工具放置在第一个形状底部上的连接点上。

此时 工具会使用一个红色框来突出显示连接点，表示可以在该点进行连接操作。连接线的端点变成红色是一个重要的视觉提示。如果想要形状保持相连，两个端点都必须为红色。

③ 将 工具拖到第二个形状顶部的连接点上，将两个形状连接起来。

（2）使用模具中的连接线连接形状

以【基本流程图形状】模具中的连接线为例，假设有两个"进程"形状需要连接，则：

① 打开【形状】/【基本流程图形状】模具。

② 拖动 （直线-曲线连接线）至绘图区。

③ 调整 位置使无箭头端与第一个"进程"形状下面的连接点相连。

④ 将 的另 端（箭头端）拖到另一个"进程"形状的上方的连接点上。

形状相连时，连接线的两个端点都会变成红色。

（3）向连接线添加文本

向连接线添加文本很简单。

使用 工具，单击形状之间的连接线，然后键入说明文字即可。

（4）在相连形状之间添加形状

如果想要在两个相连形状之间添加新形状，只需使用 工具，将一个新形状拖到两个形状之间的连接线上，所有三个形状即会自动连接起来。

需要说明的是：此操作在流程图模板、电气工程模板和工艺工程模板中有效。

5.4.10 堆叠形状

Visio 会以形状拖到绘图页上的先后顺序来决定形状的堆叠层次。如依次拖动 5 个形状到绘图页，则首先拖入的形状在最底层，最后拖入的形状在最顶层，共计 5 个堆叠层次。

多数情况下，形状是不重叠的，因此也不必注意这种堆叠顺序。但在某些情况下，如两个形状位置有重叠时，它们的堆叠顺序就变得十分重要，堆叠区域会被上层的形状掩盖。

改变形状堆叠层次的方法很简单，可以单击鼠标右键弹出快捷菜单，选择【形状】/【置于顶层】菜单命令将形状置于顶层，或选择【形状】/【置于底层】菜单命令将形状置于底层。

也可以打开【视图】/【工具栏】/【动作】工具栏，通过单击 （置于顶层）按钮将选中的形状置于堆叠顺序的顶层，或单击 （置于底层）按钮将选中形状置于堆叠顺序的底层。

5.4.11 对齐形状

文字可以对齐，形状同样也可以对齐。通常可以拖动形状对齐绘图页上的某网格线来对齐形状，但 Visio 提供了更好的对齐方法，这就是利用对齐按钮自动对齐。

对齐形状按钮 在【动作】工具栏中。单击其右侧的下拉按钮弹出其中包括的所有对齐按钮，如图 5-22 所示。

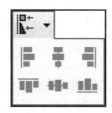

图 5-22 对齐形状按钮

对齐形状按钮共两行,第一行自左至右分别是左对齐、居中、右对齐。第二行自左至右分别是顶端对齐、中部对齐、底端对齐。

使用对齐形状按钮时,首先将第一个形状的位置调整好,这个形状将成为其他形状的对齐基准。按住 Shift 键,分别单击各个形状。单击的第一个形状带有一条较粗的洋红色轮廓虚线,之后单击的形状带有一条较细的洋红色轮廓线。对齐形状按钮完成形状对齐。

也可以使用【形状】/【对齐形状】菜单命令来对齐所选中的图形。

5.4.12　形状组合

组合的形状包括两个或更多个单独形状。通过组合可以简化复杂形状的处理。如可以一次移动、缩放整个组合,而不是分别移动和缩放各个形状。

① 使用 工具,拖出一个较大的矩形围住需要组合的形状。

也可以按住 Shift 键,分别单击各个形状来选择需要组合的内容。单击的第一个形状带有一条较粗的洋红色轮廓虚线,之后单击的形状带有一条较细的洋红色轮廓线。

② 单击【动作】工具栏上的 (组合)按钮将它们组合起来。

组合后的图形以第一个选中的形状格式为基准。

组合后并不影响编辑修改其中的单独形状。首先单击组合,然后单击想要修改的形状,可以对其进行修改。

若要取消组合,可选中组合,然后单击 (取消组合)按钮将组合取消。

5.4.13　形状的联合

两个形状相交,重叠部分的线段被删除,两个图形合并为一个,这叫做形状的联合。
① 拖动两个形状到绘图区。
② 将其部分重叠,如图 5-23(左)所示。
③ 使用 工具拖出一个较大的矩形围住这两个形状。
④ 执行【形状】/【操作】/【联合】菜单命令将其联合,结果如图 5-23(右)所示。

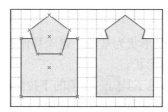

图 5-23 联合形状

联合后的形状，其各种属性继承第一个所选形状的属性。

5.4.14 形状的拆分

有合就有分。形状的拆分就是把形状的重叠部分沿相交线分割成较小的独立形状。

① 首先将两个形状重叠，如图5-24（左）所示。

② 使用 工具拖出一个较大的矩形围住这两个形状。

③ 执行【形状】/【操作】/【拆分】菜单命令将其拆分。

④ 拆分后的各部分移动开，结果如图5-24（右）所示。

形状也可用任意曲线分割拆分，如图5-25所示。

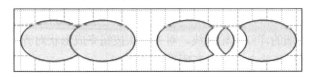 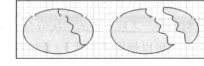

图5-24　拆分形状　　　　　　　　　图5-25　用波浪线拆分椭圆

灵活使用形状的联合和拆分，可以随心所欲地创造出很多新奇的形状。

5.4.15 形状的相交操作

相交操作只保留形状的相交部分，其他部分自动删除，得到的形状保留第一个形状的各种属性。

① 向绘图页面添加一个椭圆形状。

② 单击格式工具栏填充颜色工具 右侧的下拉按钮，选择填充黑色以示区别。

③ 向绘图页面添加一个三角形，如图5-26（左）所示。

④ 使用 工具拖出一个较大的矩形围住这两个形状。

⑤ 执行【形状】/【操作】/【相交】菜单命令将其相交。

⑥ 相交后的结果如图5-26（右）所示，得到一个形似机翼的新形状。

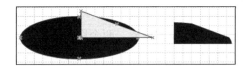

图5-26　形状的相交操作

相交操作得到的形状保持第一个所选形状的属性。

5.4.16 形状的剪除

形状的剪除以选中的第一个形状为基础，删除其他形状与第一个形状的重叠部分。

① 向绘图页面添加一个圆形状。

② 单击格式工具栏填充颜色工具 右侧的下拉按钮，选择填充黑色以示区别（若当前填充颜色已经是黑色，可直接单击此工具按钮）。

③ 向绘图页面添加一个六角形，如图5-27（左）所示。

④ 按住 Shift 键，首先点击圆形（形状带有一条较粗的洋红色轮廓虚线），然后点击六角形（形状带有一条较细的洋红色轮廓线）。

⑤ 执行【形状】/【操作】/【剪除】菜单命令将其剪除。

⑥ 剪除后的结果如图 5-27（右）所示。

如果先选中六角形，再选中圆形，那么执行【剪除】命令后，将得到如图 5-28 所示的形状。

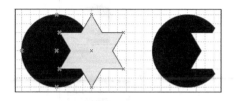
图 5-27　形状的剪除操作（首先选中圆形）

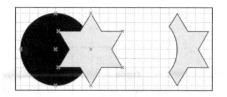
图 5-28　形状的剪除操作（首先选中六角形）

5.4.17　形状旋转与翻转

（1）旋转形状

形状可以在绘图纸平面上按顺时针或逆时针方向旋转。可以使用旋转手柄来完成二维形状的旋转。使用 工具选择想要旋转的形状，将鼠标指针放在形状上方的绿色圆形旋转手柄上，指针将变为环状箭头，然后拖动旋转即可，如图 5-29 所示。

形状旋转的角度显示在 Visio 窗口左下角的【状态】栏中。

若要以较小的增量旋转形状，可在旋转形状时，拖动旋转手柄远离该形状，从而获得更精确的旋转角度控制。

若要精确旋转角度，可执行【视图】/【大小和位置】菜单命令，弹出【大小和位置】窗口，如图 5-30 所示。

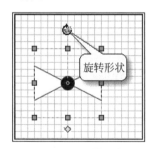
图 5-29　旋转形状

大小和位置		
X		231 mm
Y		129 mm
宽度		30 mm
高度		30 mm
角度		45 deg
旋转中心点位置		正中部

图 5-30　【大小和位置】窗口

在【角度】输入框中输入旋转角度，按回车键即可。这个窗口不仅可以控制形状的旋转角度，还可以确定形状的精确大小。

若要让形状右转 90°，可以单击【动作】工具栏上的 按钮，或在形状上击右键弹出快捷菜单，执行【形状】/【向右旋转】命令。

若要让形状左转 90°，可以单击【动作】工具栏上的 按钮，或在形状上击右键弹出快捷菜单，执行【形状】/【向左旋转】命令。

（2）翻转形状

形状翻转分为水平翻转和垂直翻转两种。

水平翻转相当于是 Y 轴的镜像。假设在形状的垂直方向有一面镜子，镜中形状就是水平翻转后的结果。如图 5-31 所示。

垂直翻转相当于是 X 轴的镜像。假设在形状的水平方向有一面镜子，镜中形状就是垂直翻转后的结果。如图 5-32 所示。

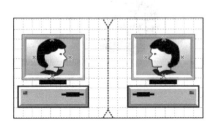

图 5-31　水平翻转示意图

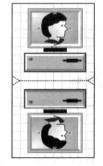

图 5-32　垂直翻转示意图

若要让形状水平翻转，可以单击【动作】工具栏上的 按钮，或在形状上击右键弹出快捷菜单，执行【形状】/【水平翻转】命令。

若要让形状垂直翻转，可以单击【动作】工具栏上的 按钮，或在形状上击右键弹出快捷菜单，执行【形状】/【垂直翻转】命令。

5.4.18　形状格式化

（1）设置一维形状的格式

一维形状（如线条和连接线）的格式可用【格式】工具栏进行设置。

- 工具：用来设置线条颜色。
- 工具：用来设置线条粗细。
- 工具：用来设置线条类型。
- 工具：用来设置线端（箭头）。

单击这些工具右侧的下拉按钮，可弹出相应的选择框。这些选择框如图 5-33 所示。

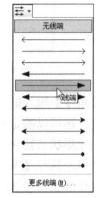

图 5-33　选择线条粗细、线型和线端

一维形状也可以在【线条】对话框中设置。使用【格式】/【线条】菜单命令，弹出【线条】对话框，如图 5-34 所示。

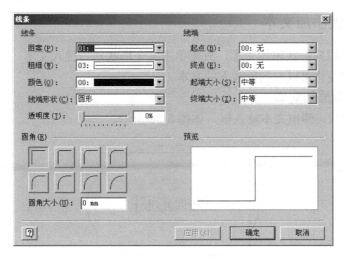

图 5-34　【线条】对话框

（2）设置二维形状的格式

二维形状（如矩形和圆）的格式可用【设置形状格式】工具栏进行设置。

- ![] 工具：用来设置形状的圆角。
- ![] 工具：用来设置形状的透明度。
- ![] 工具：用来填充形状内的图案。
- ![] 工具：用来设置形状的阴影颜色。

单击这些工具右侧的下拉按钮，可弹出相应的选择框。这些选择框如图 5-35 所示。

二维形状也可以在【填充】、【阴影】、【圆角】对话框中设置。可使用【格式】/【填充】、【格式】/【阴影】和【格式】/【圆角】菜单命令打开相应对话框。

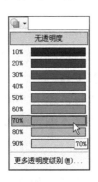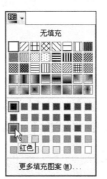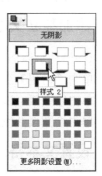

图 5-35　设置圆角、透明度、填充图案及阴影颜色对话框

5.5　基本文字操作

Visio 中可以添加各种说明文字，可将文字加入到形状中，也可以在绘图页中添加独

立的文本。本节还将介绍文本的移动、文本格式的设置等内容。由于化学化工中可能会用到一些特殊符号，最后介绍特殊符号的输入方法。

5.5.1　向形状添加文本

Visio 中可以向形状添加文本，只需单击某个形状然后键入文本。Microsoft Office Visio 会放大以便你可以看到所键入的文本。

（1）向形状添加文本

① 双击形状，弹出文本输入框，如图 5-36 所示。

图 5-36　向形状添加文本

② 输入文本。

③ 单击绘图页的空白区域或按 Esc 键退出文本编辑模式。

实际上，单击选中形状后，如果用户按键盘，就会自动出现文本编辑框。如果需要删除形状中的文本，则需如下操作。

（2）删除形状中的文本

① 双击形状，出现文本编辑框，其中的文本也处于选中状态。

② 按 Del 键删除之。

③ 单击绘图页的空白区域或按 Esc 键退出文本编辑模式。

5.5.2　添加独立文本

可以向绘图页添加独立的文本，这种文本与任何形状无关。

① 单击【常用】工具栏中的 A· 【文本】工具。

② 单击绘图页上部空白处，出现文本输入框，输入"40 t 纯水工艺流程"。

③ 单击绘图页的空白区域或按 Esc 键退出文本编辑模式。

5.5.3　设置文本格式

如同 Word 一样，Visio 可以轻松设置文本格式，如改变字体、字号，使文字变成粗体、斜体、下划线、上标字符、下标字符、缩进、文本对齐、项目符号、文本居中等。

设置文本可以使用【格式】和【设置文字格式】工具栏中的各种工具。如果这些工具栏未打开，可以在工具栏区域击鼠标右键，弹出有关工具栏的快捷菜单，选择打开【格式】和【设置文字格式】工具栏。

有关这两个工具栏的介绍请参见第 5.2.3 节，这里就不详述了。

5.5.4 改变文字方向

更改文字方向按钮在格式工具栏上。化学化工应用中有时会使用到竖排文字，使用这个按钮可以很方便地改变文字排版方向。

① 选中文本。

② 单击 工具按钮，文字变成竖排格式。

文字变成竖排后，此按钮改变形状成 ，同时【格式】和【设置文字格式】工具栏中的与对齐、缩进相关的按钮也同时发生改变，以适应竖排文字。

单击 按钮，文字可恢复通常的横排格式。

5.5.5 特殊符号

化学化工中难免会用到特殊符号。Visio 插入特殊符号的方法和 Word 差不多。

① 首先进入文本编辑状态。

② 执行【插入】/【符号】菜单命令，弹出【符号】对话框，如图 5-37 所示。

图 5-37 插入特殊符号

③ 单击【符号】选项卡。在【字体】下拉列表中选择【Symbol】字体。

④ 单击字符，单击 插入(I) 按钮。

⑤ 单击 关闭 按钮完成符号插入。

使用插入符号功能，可以插入 Windows 提供的所有字体。除此之外，在【特殊符号】选项卡中还有若干特殊符号，读者可以选用。

5.6 将图形添加到 Word 文档

多数情况下我们需要使用 Word 形式的文本。这时需要将 Visio 编辑的图形粘贴到 Word 文档中。如果打算再次修改 Visio 图形的话，可双击图形调用 Visio 进行编辑。

5.6.1 将 Visio 图形添加到 Word 文档

① 使用【编辑】/【全选】菜单命令，或使用 $\boxed{\text{Ctrl}}$ ＋ $\boxed{\text{A}}$ 键选中全部图形。

② 使用【编辑】/【复制】菜单命令，或使用 $\boxed{\text{Ctrl}}$ ＋ $\boxed{\text{C}}$ 键复制全部图形。

③ 在 Word 窗口中，使用【编辑】/【粘贴】菜单命令，或使用 $\boxed{\text{Ctrl}}$ ＋ $\boxed{\text{V}}$ 键，将 Visio 图形粘贴到光标所在位置。

复制图形前，建议把相关形状组合成一个图形。

5.6.2 在 Word 文档中修改 Visio 图表

① 在 Word 文档中，双击 Visio 图形，Word 自动调用 Visio 并进入编辑状态。

② 编辑 Visio 图形。

③ 单击 Word 文档中 Visio 图形以外的某一位置，退出 Visio。

Visio 关闭后，Word 再一次成为当前活动程序。

5.7 Visio 绘图实例

本节将以实例的方式展示 Visio 的绘图功能。本节示例内容包括组织结构图、工艺流程示意图、纯净水生产工艺、化工厂平面图、程序设计流程图、信息管理示意图、网页制作以及办公室平面布置图等。

5.7.1 组织结构图

组织结构图是一种常用图表。虽然用 Word 也能绘制组织结构图，但使用 Visio 绘制更方便，效果也更好。下面的实例是绘制公司的组织结构图。

（1）绘制组织结构图

① 启动 Visio。

② 选择【组织结构图】类别，双击打开【组织结构图】模板，如图 5-38 所示。

【组织结构图】模板可打开若干模具，其中的【组织结构图形状】模具包括任何大小的组织结构图所需的所有形状。

打开【组织结构图】模板后，在菜单栏的【形状】和【窗口】菜单命令之间，会出现【组织结构图】菜单命令，并弹出【组织结构图】工具栏。使用它们提供的工具可以排放、同步、隐藏和移动图形中的形状。与其他工具结合使用，还可以创建、管理、导入和导出组织结构信息。

③ 单击【组织结构图形状】模具。

添加到组织结构图中的第一个形状在层次中成为顶部形状，通常代表总经理。如果是为单个部门或小组创建组织结构图，它也可以代表经理或项目负责人。

④ 拖动【总经理形状】至绘图页，弹出【连接形状】消息框，如图 5-39 所示。

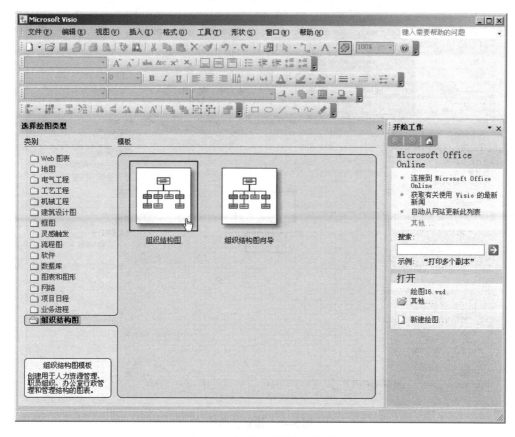

图 5-38　打开组织结构图模板

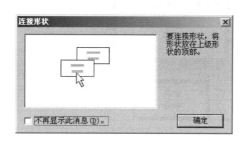

图 5-39　【连接形状】消息框

　　【连接形状】消息框提示用户，如果将形状拖动到上一级图形的上方，Visio 会自动生成图形连接线。如果用户对 Visio 提供的这种便利很清楚了，可以在【不再显示此消息】复选框中打勾。

　　⑤ 单击 确定 按钮，完成【总经理】形状的放置。

　　⑥ 拖动【经理】形状至【总经理】形状上，释放鼠标，Visio 自动将前者变为后者的子形状，并在两者之间建立连接线，如图 5-40 所示。

　　通过将形状拖动到彼此之上，可在组织结构图中连接形状并创建组织层次结构。

　　⑦ 将 4 个【职位】形状拖到绘图页的【经理】形状的上面，一次拖动一个。

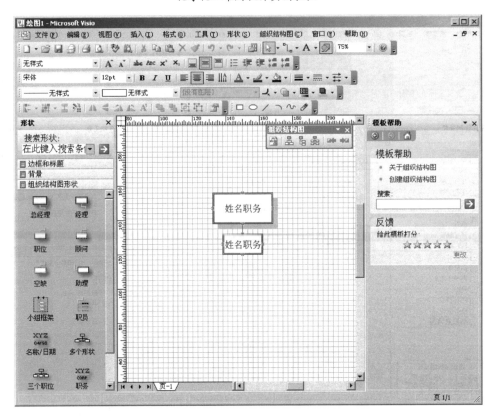

图 5-40　建立子形状

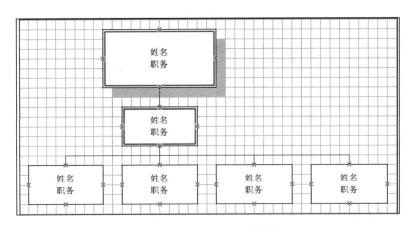

图 5-41　创建组织层次结构

Visio 将把【职位】形状安排在【经理】形状的下面并自动与【经理】形状相连接，结果如图 5-41 所示。

这图看起来对称性不够好，不过没关系。如果 Visio 自动给出的层次布局不能令人满意，可以使用【组织结构图】工具重新布局。

（2）更改形状的布局

前面我们讲过，打开【组织结构图】模板后，会弹出【组织结构图】工具栏。使用

图 5-42　【组织结构图】工具栏

【组织结构图】工具可以排放、同步、隐藏和移动图形中的形状。【组织结构图】工具栏如图 5-42 所示。

自左至右的 6 个工具按钮分别是【重新布局】、【水平布局】、【垂直布局】、【并排】、【左移】和【右移】。

① 单击选中【经理】形状。

② 在【组织结构图】工具栏上，单击 🔲【重新布局】按钮将【经理】以下的形状重新布局，结果如图 5-43 所示。

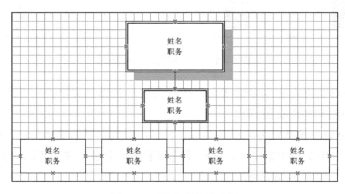

图 5-43　更改形状的布局

布局满意了，下面在组织结构图形状中添加雇员照片和其他信息，例如电话号码和电子邮件地址等。

（3）在组织结构图形状中添加雇员照片和其他信息

① 在【职员】形状上击右键，弹出快捷菜单，选择【插入图片】菜单命令，弹出【插入图片】对话框，如图 5-44 所示。

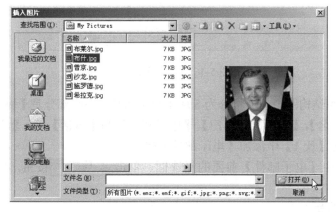

图 5-44　【插入图片】对话框

② 找到所需图片，单击 打开(O) 按钮完成图片插入。

插入图片等信息之后，【职员】形状的大小会发生变化，因此需要重新布局形状。

③ 单击选中上一层的【经理】形状，单击【组织结构图】工具栏上的 【重新布局】按钮，结果如图 5-45 所示。

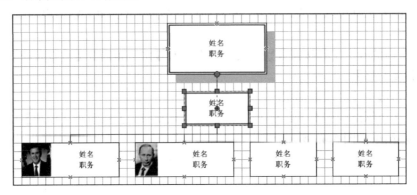

图 5-45　重新布局后的结果图

④ 双击各形状进入文本编辑状态，依次为各形状添加文字说明并作相应设置。

（4）显示更详细的雇员信息

默认的雇员信息包括姓名和职务两项。若想在形状中显示更多信息，则需如下操作。

① 单击【组织结构图】菜单，选择【选项】菜单命令。弹出【选项】对话框，单击【字段】选项卡，如图 5-46 所示。

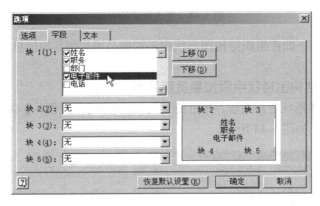

图 5-46　【选项】对话框

Visio 把组织结构图中的形状分为 5 块来显示信息，中间部分是【块 1】，可以显示 5 种信息，如【姓名】、【职务】、【部门】、【电子邮件】和【电话】等。默认显示的信息为前两个。下面在【块 1】中添加【电子邮件】信息。

② 单击选中【电子邮件】前面的复选框，单击 确定 按钮，完成信息字段的增加。

（5）添加背景

① 单击【背景】模具

② 将【高科技背景】拖入绘图区，即可完成背景的添加。

经过上面的步骤，我们很快就会得到一份信息详尽且构图优美的组织结构图。

5.7.2　程序流程图

这里所举的例子是程序设计流程图，其他形式的流程图制作方法与此例类似，读者可以通过此例举一反三，制作出各式各样的流程图。

化学家们测绘和使用相图已超过百年历史，经测定和审定的二元系相图有 4000 余幅。在已经审定的二元系相图中，有相当一部分未完全测定或不够精确，需要进一步校对。三元系相图的工作量更大，只测定了一些相图的恒温截面，有的甚至只是局部成分范围的恒温界面。有些相图存在亚稳态，测定这类相图更加困难。通过相平衡计算，可以得到合乎实际的相图，甚至可以确定亚稳态。

相图计算所依据的是热力学模型，如理想溶液模型、规则溶液模型、亚规则溶液模型、亚晶格模型、中心原子模型和集团变分模型等。下面用理想溶液模型计算 NiO-MgO 完全固溶体的相图，绘制计算流程。

NiO-MgO 为液、固相连续互溶二元体系，液相和固相均为理想溶液。已知 NiO 和 MgO 的熔点分别为 1960℃和 2800℃。熔化热分别为 52.3kJ/mol 和 77.4kJ/mol。以纯液态 NiO 作为 NiO 的标准态，纯固态 MgO 作为 MgO 的标准态，则 $\Delta G_{m,\text{NiO}}^{*}$ 和 $\Delta G_{m,\text{MgO}}^{*}$ 的近似计算式为：

$$\Delta G_{m,\text{NiO}}^{*} = 52300\left(1 - \frac{T}{2233}\right) \tag{5-1}$$

$$\Delta G_{m,\text{MgO}}^{*} = 77400\left(1 - \frac{T}{3073}\right) \tag{5-2}$$

由理想溶液模型，平衡两相（A、B）的组成可用如下两个表达式计算：

$$\frac{x_A^{\text{S}}}{x_A^{\text{L}}} = \exp\left(\frac{\Delta G_{m,\text{A}}^{*}}{RT}\right) \tag{5-3}$$

$$\frac{x_B^{\text{S}}}{x_B^{\text{L}}} = \exp\left(\frac{\Delta G_{m,\text{B}}^{*}}{RT}\right) \tag{5-4}$$

式中，固相用 S 表示，液相用 L 表示。

所以

$$x_{\text{NiO}}^{\text{S}} = x_{\text{NiO}}^{\text{L}} \exp\left(\frac{\Delta G_{m,\text{NiO}}^{*}}{RT}\right) \tag{5-5}$$

$$x_{\text{MgO}}^{\text{S}} = x_{\text{MgO}}^{\text{L}} \exp\left(\frac{\Delta G_{m,\text{MgO}}^{*}}{RT}\right) \tag{5-6}$$

又因为 $1 - x_{\text{MgO}}^{\text{S}} = x_{\text{NiO}}^{\text{S}}$，$1 - x_{\text{MgO}}^{\text{L}} = x_{\text{NiO}}^{\text{L}}$，则式（5-5）可写为：

$$1 - x_{\text{MgO}}^{\text{S}} = (1 - x_{\text{MgO}}^{\text{L}}) \exp\left(\frac{\Delta G_{m,\text{NiO}}^{*}}{RT}\right) \tag{5-7}$$

联立式（5-6）和式（5-7），得

$$x_{\text{MgO}}^{\text{L}} = \frac{1 - \exp\left(\dfrac{\Delta G_{m,\text{NiO}}^{*}}{RT}\right)}{\exp\left(\dfrac{\Delta G_{m,\text{MgO}}^{*}}{RT}\right) - \exp\left(\dfrac{\Delta G_{m,\text{NiO}}^{*}}{RT}\right)} \tag{5-8}$$

$$x_{\text{MgO}}^{\text{S}} = \frac{\left[1 - \exp\left(\dfrac{\Delta G_{m,\text{NiO}}^{*}}{RT}\right)\right]\exp\left(\dfrac{\Delta G_{m,\text{MgO}}^{*}}{RT}\right)}{\exp\left(\dfrac{\Delta G_{m,\text{MgO}}^{*}}{RT}\right) - \exp\left(\dfrac{\Delta G_{m,\text{NiO}}^{*}}{RT}\right)} \tag{5-9}$$

由式（5-8）和式（5-9）即可计算 Ni-MgO 完全固溶体相图。计算从 1960℃开始直到 2800℃终止，每隔 1℃计算一次两相组成，将计算值存入数组，最后绘制出来。下面我们用 Visio 绘制计算流程。

① 启动 Visio。

② 选择【流程图】类别，单击打开【基本流程图】模板，如图 5-47 所示。

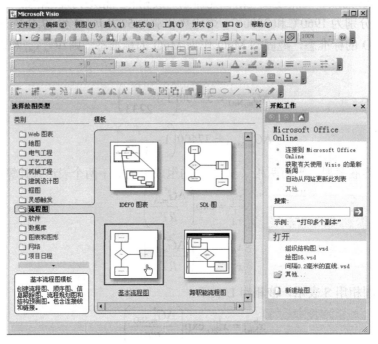

图 5-47　打开【基本流程图】模板

③ 用鼠标拖动图件到绘图页上，依次创建流程上的各个形状。

④ 将流程主干路上的形状大致上下对齐，如图 5-48 所示。

下面需要将这些形状对齐。对齐形状要用到【动作】工具栏。如果尚未打开此工具栏，可在工具栏的空白区域单击右键，在弹出的快捷菜单中选择【动作】选项。

⑤ 选中所有形状，单击【动作】工具栏 【对齐形状】按钮右侧的下拉按钮，单击其中的 【居中】对齐方式将所有形状对齐。

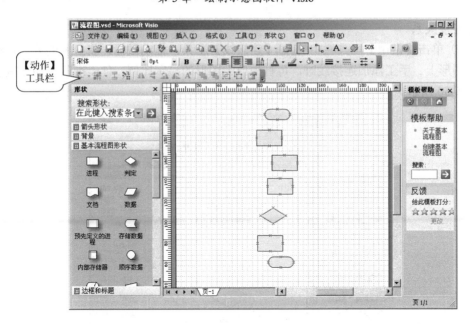

图 5-48 创建流程图各形状

接下来就是将各形状连接起来了，Visio 提供了自动连接各形状的功能。

⑥ 选中所有形状，单击【动作】工具栏上的 🔲【连接形状】按钮，将各形状连接起来。结果如图 5-49 所示。

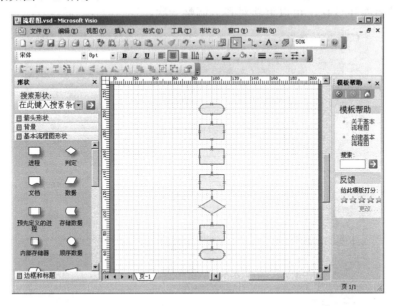

图 5-49 连接各形状

如果连接的箭头方向不合适，可以单击【格式】工具栏的 按钮修改。要调整线头粗细，可单击 按钮修改。要更改连接线的类型，可单击 按钮。

然而，多数流程并非简单的顺序流程，往往会有各种各样的分支结构，这需要手动添加连接关系。

⑦ 单击【常用】工具栏中的 【连接线】工具，拖动鼠标，将必要的分支连线添加到图形上。手工添加连接线时，可首先放大图形的显示比例，便于准确添加连接线。如图 5-50 所示。

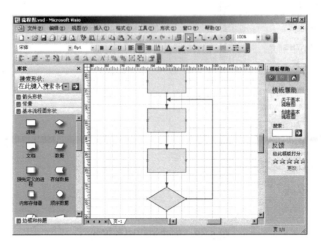

图 5-50　手工添加连接线

⑧ 分别双击各形状或连接线，为它们添加必要的文字说明。【判定】形状上的【Y】、【N】两个说明，可使用 A▾ 按钮添加。结果如图 5-51 所示。添加文字说明后，如果形状的大小或位置发生变化，可以重新对齐、调整一次。

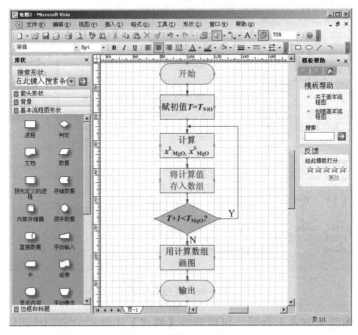

图 5-51　添加文字说明

⑨ 在绘图页的空白处单击右键，弹出快捷菜单，单击【配色方案】菜单命令，弹出

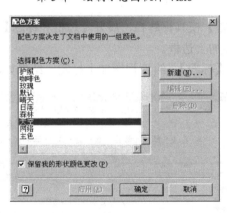

图 5-52　【配色方案】对话框

【配色方案】对话框，如图 5-52 所示。

⑩ 选择【天空】配色方案，单击 确定 按钮。

配色方案选定后，所有形状的填充色都改为配色方案指定的颜色。流程图配色应以清新为主，配合以简洁的流程关系，使读者易于把握整个流程。如果流程图中某个过程比较关键，可以专门为其配色，使之醒目。

⑪ 单击选中【判定】形状，单击【格式】工具栏中的 ⬛▾【填充颜色】下拉按钮，在弹出的下拉列表中选择玫瑰红，将【判定】形状填充为玫瑰红。

下面给流程图添加背景。

⑫ 单击【背景】模具标题栏，展开【背景】模具，将【地平线】背景拖到绘图区，即可为流程图添加上背景。结果如图 5-53 所示。

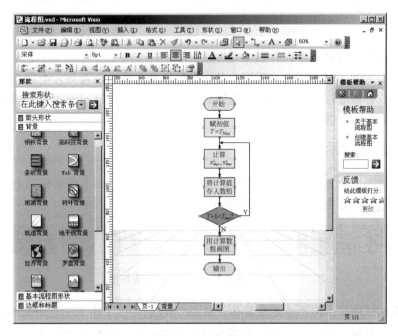

图 5-53　添加背景

⑬ 单击【边框和标题】模具标题栏，展开【边框和标题】，将【当代型边框】拖到绘图区，即可为流程图添加上边框。

⑭ 双击边框上部的【标题】，给流程图加上标题。结果如图 5-54 所示。

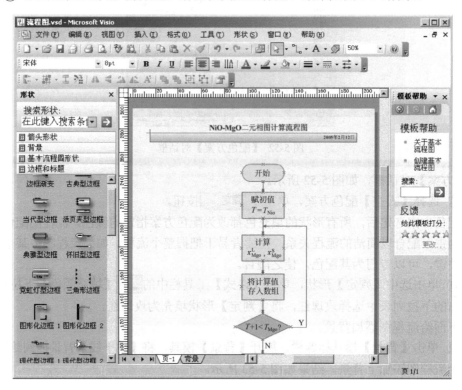

图 5-54　加上边框和标题

至此，流程图设计完毕，存盘备用即可。

这里所举的例子是程序设计流程，是否配色以及是否添加背景并不重要，但如果设计操作步骤或办事流程，那么流程图的外观就很重要了。良好的外观便于读者理解流程并把握流程的关键所在。

5.7.3　工艺流程示意图

工艺流程可以用方框图简洁地表示出来。例如我们可以用上节所讲的方法绘制出纯净水生产工艺流程方框图，如图 5-55 所示。

图 5-55　纯净水生产工艺流程方框图

方框图简单明了，但不够形象具体。Visio 为我们提供了化工工艺所需的各种形状，可以用容器、管道、仪表、阀门等设备十分形象地把工艺流程示意出来。

纯净水生产工艺流程如图 5-56 所示。

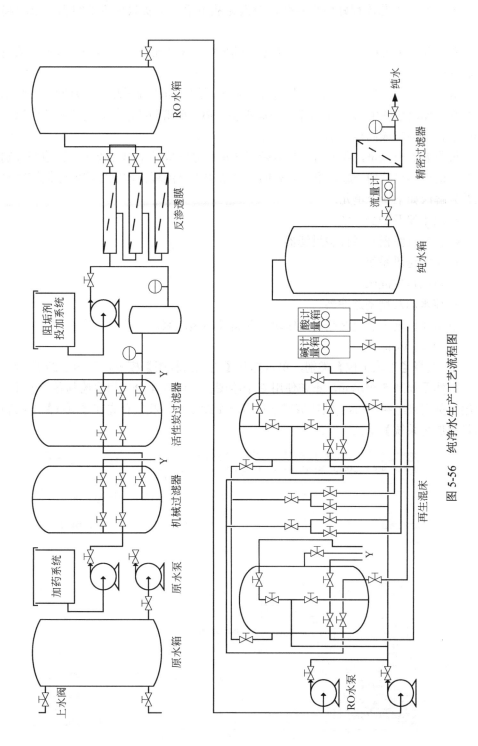

图 5-56　纯净水生产工艺流程图

乍一看这工艺流程好像很复杂，令人无从下手，其实只要方法得当，绘制起来也不难。

首先我们来分析一下这个工艺所使用的形状。所用形状只有四类：容器、管道、仪表、阀门。

其次，工艺流程中所用的形状有许多是相同的，可以通过粘贴、复制的方法迅速完成绘制。如流程图中的 3 个水箱——原水箱、RO 水箱和纯水箱，这些水箱可以使用同样的形状并调整成同样大小。

最重要的一点是，我们可以将复杂工艺流程分解成几个单元模块，将他们分别绘制出来，最后再组装到一起，形成完整的、复杂的工艺流程。本例中我们将把纯净水生产工艺分解成如下 5 个单元：

- 原水箱及加药系统
- 机械过滤器及活性炭过滤器
- 反渗透膜系统
- 自动再生混床
- 纯水箱及精密过滤器

下面我们逐一实现这些单元模块，并将其组装起来。

① 启动 Visio。

② 选择【工艺工程】类别，单击打开【工艺流程图】模板，如图 5-57 所示。

既然要绘制 5 个单元，不妨使用 6 个绘图页，前 5 个分别用来绘制各个单元，第 6 个绘图页用来组装。Visio 默认情况下只有一个绘图页，我们首先在【页-1】上绘制【原水箱和加药系统】单元。

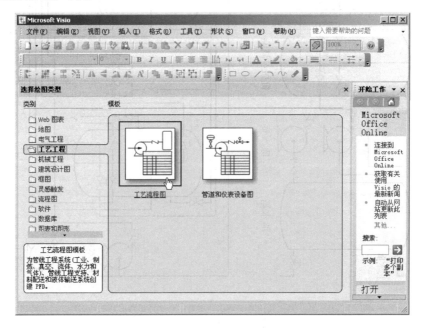

图 5-57　打开【工艺流程图】模板

③ 单击【设备－容器】模具标题栏，展开【设备－容器】模具。

④ 拖动【容器】图件至绘图区，并调整到合适大小。

⑤ 拖动【封顶箱】图件至绘图区。

⑥ 单击【设备－泵】模具标题栏，展开【设备－泵】模具。

⑦ 拖动【离心泵】图件至绘图区。

⑧ 单击【阀门和管件】模具标题栏，展开【阀门和管件】模具。

⑨ 拖动【旋拧阀】图件至绘图区。

⑩ 将视图放大至 100%。

至此，【页-1】上有了【容器】、【封顶箱】、【离心泵】和【旋拧阀】几种形状，如图
5-58 所示。

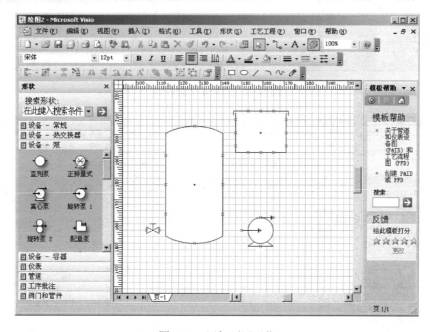

图 5-58　添加不同形状

⑪ 单击离心泵形状选中之，按住 Ctrl 键拖动该形状复制出一个离心泵，放置于开
口箱之下。

⑫ 如此这般复制 4 个旋拧阀，放置在合适的位置上，如图 5-59 所示。

⑬ 使用【常用工具栏】上的 ⌐┐ 【连接线】工具连接各形状，结果如图 5-60 所示。

⑭ 按 Ctrl+A 键选中全部形状。

⑮ 单击右键弹出快捷菜单，执行【形状】/【组合】菜单命令，将所有形状组合
起来。

至此，【原水箱和加药系统】单元绘制完毕，最后需将这个绘图工程文件存盘。下面
绘制过滤器单元。首先，插入新的绘图页。

⑯ 在页名称【页-1】上单击右键，弹出快捷菜单，如图 5-61 所示。

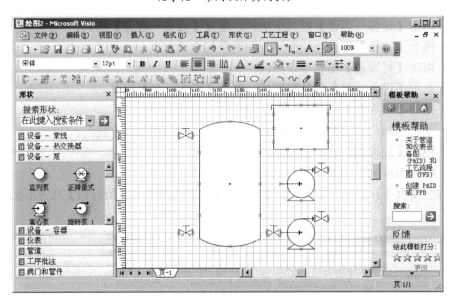

图 5-59　放置 4 个旋拧阀

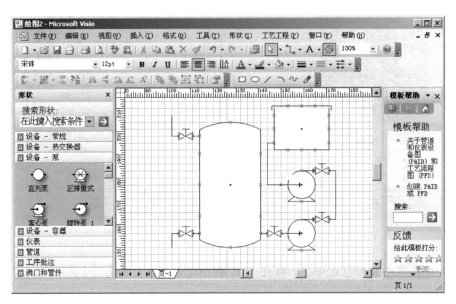

图 5-60　【原水箱和加药系统】单元

图 5-61　插入新绘图页

除了插入新页面之外，还可以用这个菜单更改页名称，如可以将【页-1】改为【原水箱】。

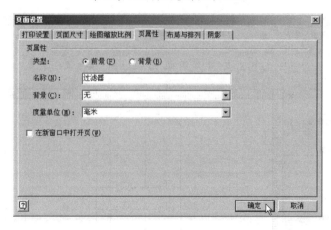

图 5-62　【页面设置】对话框

⑰　单击【插入页】菜单项，弹出【页面设置】对话框，如图 5-62 所示。

⑱　单击打开【页属性】选项卡，将【名称】改为"过滤器"，单击 确定 按钮插
入新页。

【机械过滤器】和【活性炭过滤器】两个形状一致，只要绘制出一个就行了。

⑲　拖动【容器】图件至绘图区，同时调整到合适大小。

⑳　拖动 5 个【旋拧阀】图件至绘图区，并排列到合适位置，如图 5-63 所示。

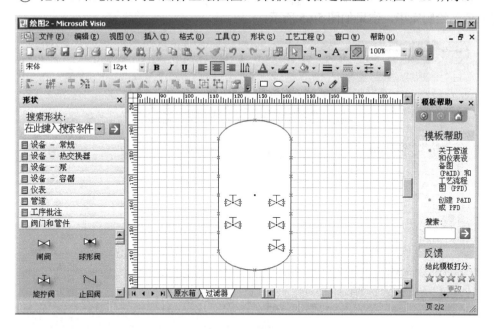

图 6-63　添加形状

㉑　使用【常用工具栏】上的工具连接各形状，结果如图 5-64 所示。

㉒　按 Ctrl+A 键选中全部形状。

㉓　单击右键弹出快捷菜单，执行【形状】/【组合】命令，将所有形状组合起来。

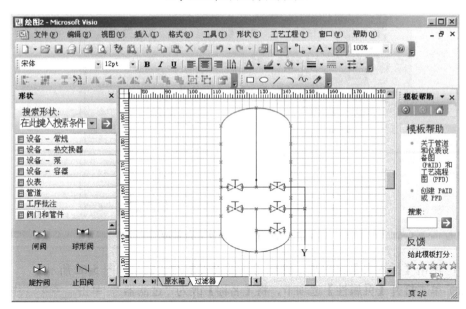

图 5-64　连接形状

㉔ 按住 Ctrl 键拖动组合后的形状，将其复制一份放在右侧。

㉕ 使用【常用工具栏】上的 工具连接各形状。至此，【机械过滤器及活性炭过滤器】单元绘制完毕，结果如图 5-65 所示。

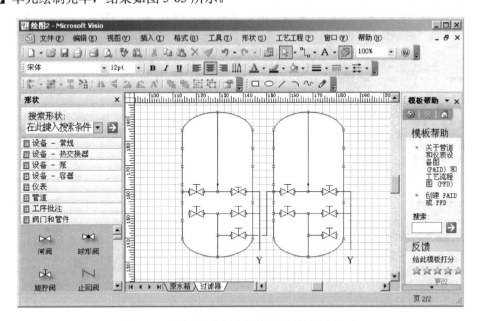

图 6-65　【机械过滤器及活性炭过滤器】单元

下面需要绘制反渗透膜单元了。

㉖ 插入新绘图页面，命名为【反渗透膜】。

㉗ 打开【设备-常规】模具，将【过滤器2】拖入绘图页，如图 5-66 所示。

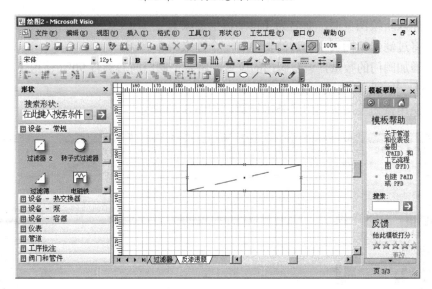

图 5-66　将【过滤器 2】拖入绘图页

这个过滤器滤网的方向不合乎我们的需要，需要水平翻转一下。

㉘　单击选中过滤器形状，单击【动作】工具栏上 按钮，将形状水平翻转。

㉙　调整过滤器大小，并复制两份，形成 3 个过滤器。

㉚　添加封口箱、离心泵、容器、压力表等形状。

㉛　将各形状连接起来。结果如图 5-67 所示。

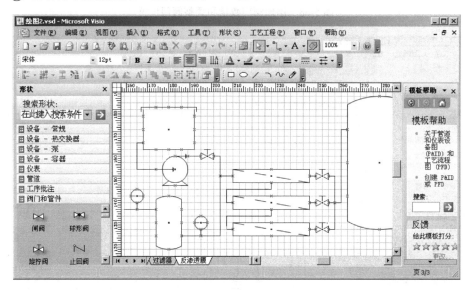

图 5-67　【反渗透膜】单元

RO 水箱和 RO 水泵比较简单，分别并入【反渗透膜】单元和【自动再生混床】单元中。【自动再生混床】单元有两个结构一样的混床，可以首先绘制出一个，然后复制出另外一个。

㉜ 插入新绘图页面，命名为【自动再生混床】。

㉝ 将过滤器绘图页中的过滤器复制一个过来。

㉞ 增加阀门的数量，调整阀门的位置。将两个阀门向右旋转 90°（使用【动作】工具栏上的 按钮），结果如图 5-68 所示。

㉟ 使用按钮连接各阀门及外围管道，如图 5-69 所示。

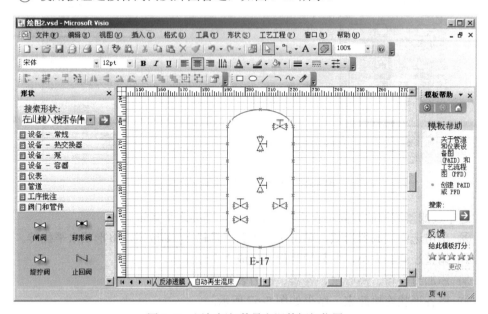

图 5-68　添加阀门数量和调整阀门位置

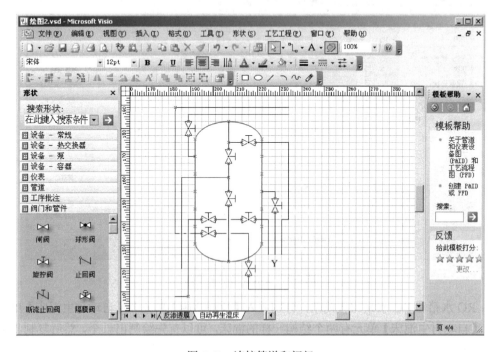

图 5-69　连接管道和阀门

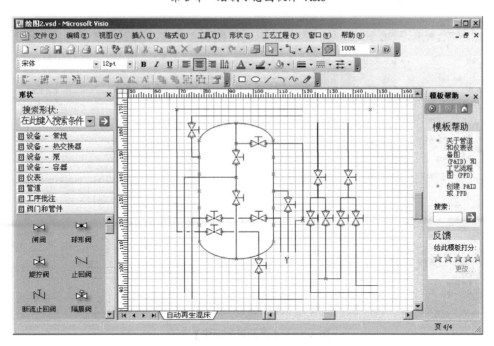

图 5-70　绘制阀门组

㊱ 将两个再生混床中间的阀门组绘制出来，如图 5-70 所示。

㊲ 复制再生混床并拖至阀门组右侧。

㊳ 将相应的管道连接起来，并做必要的调整，使其布局合理，如图 5-71 所示。

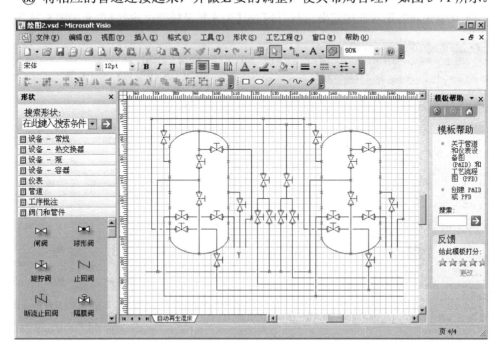

图 5-71　连接管道

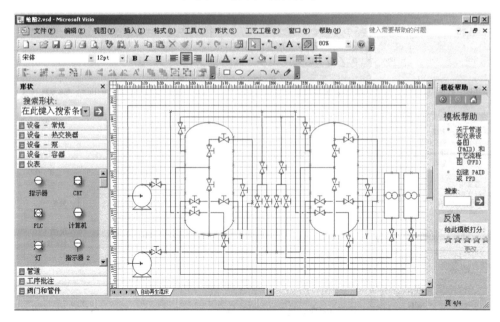

图 5-72 【自动再生混床】单元

㊴ 添加其他外围容器和管道，最终的图形如图 5-72 所示。

下面绘制【纯水箱及精密过滤器】单元。这个单元的绘制过程比较简单，简单描述如下。

㊵ 插入新绘图页面，命名为【纯水箱】。

㊶ 添加容器、阀门、流量计、过滤器、压力表等形状。

㊷ 用管道将各形状连接起来。最终得到的【纯水箱及精密过滤器】单元如图 5-73 所示。

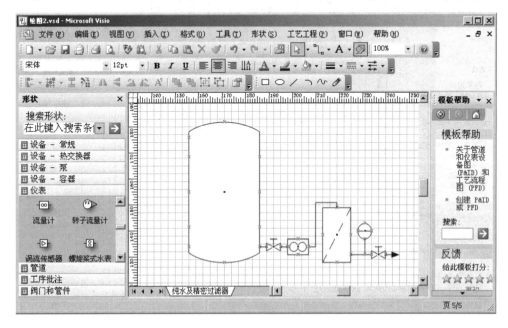

图 5-73 【纯水箱及精密过滤器】单元

至此各单元均绘制完成。可以把各单元中的形状组合起来，便于作为一个整体处理。

㊸ 插入新绘图页面，命名为【工艺流程图】。

㊹ 分别将各单元复制到【工艺流程图】中，再连接起来。

粘贴单元图形时，应注意规划好位置，以免安排不下。

下面的工作是为各种形状作出标记。Visio 会自动给出分类标记，如 "E22" 表示第 22 个容器，"V70" 表示第 70 个阀门、"P150" 表示第 150 根管道。标记是可以修改的，如果图形已经组合过了，修改前应先取消组合。标记的位置用一个黄色的菱形表示，可以用鼠标拖动标记至合适的位置。

㊺ 单击右键，在弹出的快捷菜单中执行【形状】/【取消组合】菜单命令，取消图形的组合。

㊻ 双击阀门形状，修改标记为 "上水阀"。

㊼ 在 "上水阀" 上单击右键，弹出快捷菜单，单击【设置阀门类型】选项，弹出【自定义属性】对话框，如图 5-74 所示。

㊽ 在【自定义属性】对话框中填上规格型号、制造商等必要信息。

㊾ 如此这般修改工艺中各部件的标记和属性。

㊿ 按 Ctrl + A 键选中所有形状并组合起来，存盘。最终得到如图 5-56 所示的工艺流程图。

需要说明的是，制作这个流程图时我们做了许多简化，所用形状比较单一，容器、阀门、泵、管道、仪表等都尽可能统一为相同的形状。许多标记未做更改，各种设备的规格型号也未定义。实际设计工艺流程时，用户可以尽量使用模具中合乎实际的形状并分别定义属性。这些属性很重要，可以用来统计设备的规格数量，给出设备列表。

○51 打开【工序批注】模具，将【设备列表】形状拖入【工艺流程】绘图区，Visio 自动产生【设备列表】，如图 5-75 所示。

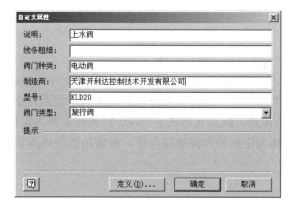

图 5-74　【自定义属性】对话框

设备列表				
显示的文本	说明	制造商	材料	型号
E-133				
E-139				
E-140				
E-141				
E-142				
E-148				
E-150				
RO水泵				
RO水箱				
再生混床				
加药系统				
原水泵				
原水箱				
反渗透膜				
机械过滤器				
活性炭过滤器				
精密过滤器				
纯水箱				
阻垢剂投加系统				

图 5-75　设备列表

㊾ 将【管道列表】形状拖入【工艺流程】绘图区，产生【管道列表】。

㊼ 将【阀列表】形状拖入【工艺流程】绘图区，产生【阀列表】。

㊷ 将【仪表列表】形状拖入【工艺流程】绘图区，产生【仪表列表】。

另外，【工序批注】模具还有多种批注，可以用来说明工序过程。经过这样一个绘制、说明、批注、汇总过程，整个工艺流程就会清清楚楚地展现在我们面前。

5.7.4 化工厂平面图

在 Visio 的【建筑设计图】类型中有专门的【工厂布局】模板，可以用它提供的各种图件绘制工厂的布局。在后面的"室内布局"实例中会用到此类模板。本例将灵活使用【地图】类别中的【方向图】模板以及【基本形状】模具来绘制一幅简洁的平面图。

本例中的化工厂平面图如图 5-76 所示。

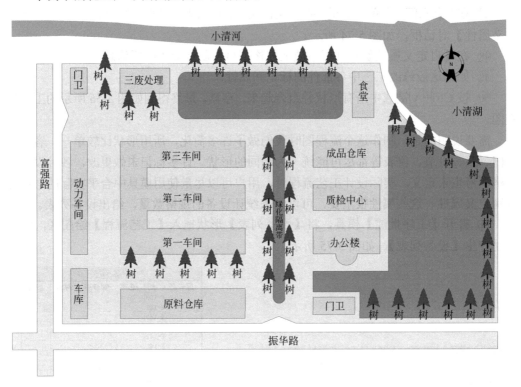

图 5-76　化工厂平面图

首先分析一下这个图形。化工厂位于振华路以北、富强路以东的区域，北面有小清河，东北角有小清湖。化工厂地皮形状为矩形，但东北角缺了一块。厂区建筑多为矩形，车间为 E 型，可由矩形联合起来。办公楼为矩形和半圆形联合体。东南角的绿地形状稍微复杂些，可通过矩形联合和调整。

绘制化工厂平面图的操作步骤如下：

① 启动 Visio。

② 选择【地图】类别，单击打开【方向图】模板，如图 5-77 所示。

图 5-77　【方向图】模板

　　【方向图】模板会打开许多与地图相关的模具，其中的一些形状会在本例中采用。然而本例中的图形多为平面投影图，需要使用【基本形状】模具来绘图。

　　③ 执行【文件】/【形状】/【框图】/【基本形状】菜单命令，打开【基本形状】模具。默认的绘图页是 A4 纸，纵向，首先将其改为横向。

　　④ 执行【文件】/【页面设置】菜单命令，在【打印设置】选项卡中，将【打印纸】由纵向改为横向。

　　⑤ 打开【基本形状】模具，将【十字形】形状拖入绘图页左下角，作为十字路口。

　　⑥ 将【矩形】形状拖入绘图页，调整大小，接在十字路口的右侧，作为振华路。再添加一个矩形形状，调整大小之后接在十字路口的上面，作为富强路，如图 5-78 所示。

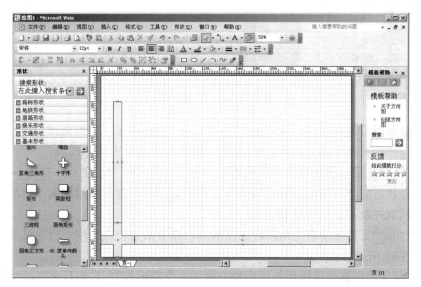

图 5-78　绘制道路

　　绘制出来的道路还有一点小问题，即十字路口和两条道路之间有接缝，必须将这两个接缝除去。

⑦ 按住 Ctrl 键，用鼠标依次单击 3 个形状，选中之。

⑧ 执行【形状】/【操作】/【联合】菜单命令，将 3 个形状联合起来。

这样一来形状间的接缝就取消了，3 个基本形状变成了一个新形状。做联合操作的时候，必须确保形状有相交的地方。

⑨ 使用常用工具栏 A 工具，分别标注振华路和富强路。

⑩ 添加一个大矩形，作为化工厂的围墙。

⑪ 打开【路标形状】模具，在绘图页上方依次绘制河流和湖泊并调整大小，如图 5-79 所示。

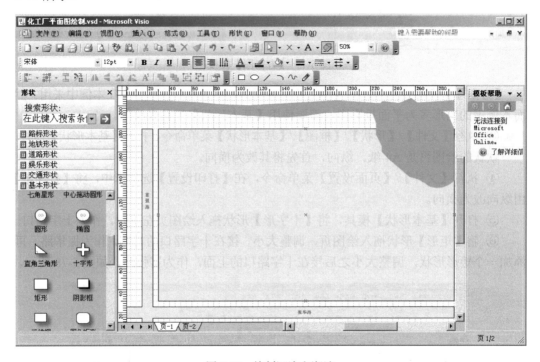

图 5-79　绘制河流和湖泊

围墙必须沿着湖堤修建。现在的矩形围墙深入到湖中了，必须修改一下。

⑫ 打开 × （连接点）工具。使用 ✐ （铅笔）工具单击选中围墙。

⑬ 按住 Ctrl 键，在靠近右上角区域点击一下，增加一个控制点。如图 5-80 所示。

湖泊形状可能会对增加控制点的操作造成干扰，可以首先将围墙调节得窄一些，避开湖泊，增加控制点之后再调整回去。

⑭ 使用 ✐ 工具拖动右上角附近的控制点，调节形状使之形成适当的弧形以避开湖泊，如图 5-81 所示。

⑮ 在振华路和富强路围墙的适当地方添加 3 个菱形控制点，向厂内拖动中间的菱形控制点，示意为两扇大门。

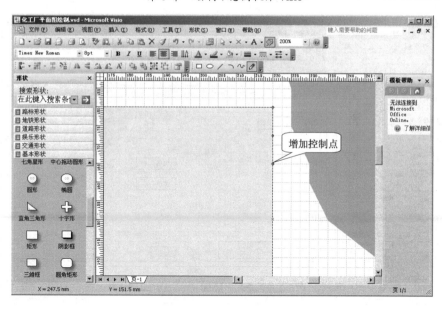

图 5-80　增加控制点

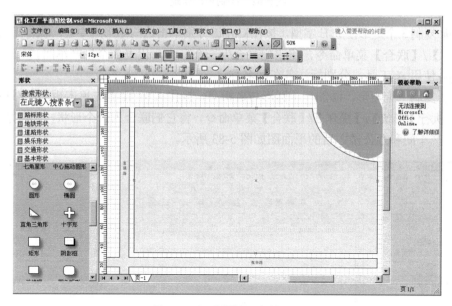

图 5-81　调节围墙一角的形状

⑯ 添加矩形形状，在形状上单击右键弹出快捷菜单，执行【格式】/【填充】命令，选择【颜色】为黄色，备用。

⑰ 多次复制该矩形并调整大小，分别摆放在合适位置。

⑱ 双击这些矩形填入合适的说明。分别代表门卫、原料仓库、动力车间、质检中心等建筑，如图 5-82 所示。

3 个生产车间是连在一起的 E 型建筑，可以用 3 个矩形联合起来。办公楼的形状可以用一个矩形和一个圆联合形成。

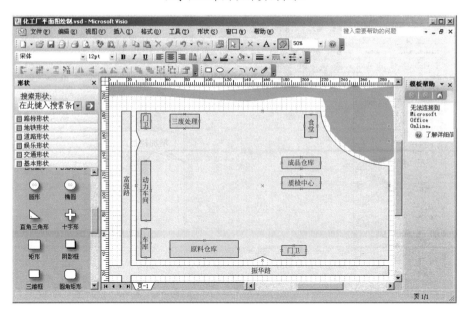

图 5-82　绘制矩形建筑

⑲ 复制 3 个矩形摆成 E 字型，按住 Ctrl 键分别单击这些矩形选中之。执行【形状】/【操作】/【联合】菜单命令，将它们联合为一个形状，代表 3 个生产车间。

⑳ 使用 A 工具，分别标注各车间名称。

㉑ 复制一个矩形，添加一个圆形与之相交。按住 Ctrl 键首先单击矩形，然后单击圆形，执行【形状】/【操作】/【联合】菜单命令，将它们联合为一个形状，代表办公楼。添加生产车间和办公楼之后的平面图如图 5-83 所示。

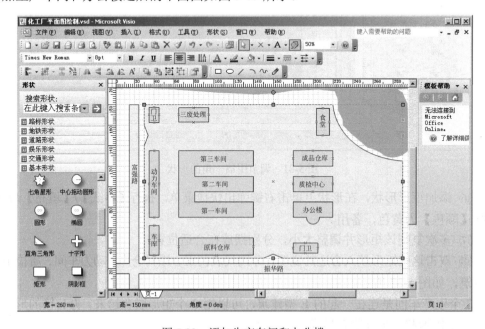

图 5-83　添加生产车间和办公楼

下面的工作该绿化厂区了。车间与办公区域直接的绿化隔离带可用矩形和两个半圆组成，填充以绿色。食堂前面的绿地可用矩形表示。办公区域东南有大片绿地，由于滨湖因此形状复杂些，可以通过加控制点调节形状来实现，这里就不再详述了。

㉒ 将一个矩形和两个圆相交并联合，填充绿色组成绿化隔离带。

㉓ 添加圆角矩形草坪至食堂前。

㉔ 联合矩形并添加控制点调整边角，形成东南角的大块绿地，如图 5-84 所示。

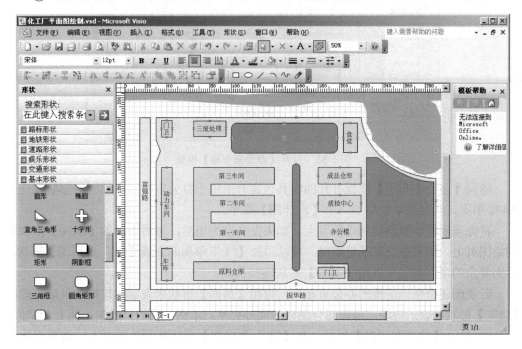

图 5-84　添加绿地

下面该栽种点树木和放置指北针了。

㉕ 打开【路标形状】模具，添加树木形状，调整大小并复制至合适位置。

㉖ 添加指北针形状。调整指北针大小并移动至东北角的湖区。

㉗ 使用 A 工具，分别标注其他需要说明的形状。最终的厂区平面图就完成了。

㉘ 组合各形状，存盘退出。

这里所绘制的只是示意图，如果拥有厂区各种建筑的精确尺寸，就可以利用 Visio 提供的标尺和建筑设计图模板，绘制出相当精确的平面示意图。

5.7.5　办公室平面布置图

在室内平面布置图中，需要连接的形状不多，主要是门、窗与墙壁相连。这样在移动墙壁时，门、窗可以随墙壁一起移动。

绘制办公室平面布置图的操作步骤如下：

① 启动 Visio。

② 选择【建筑设计图】类别，单击打开【办公室布局】模板，如图 5-85 所示。

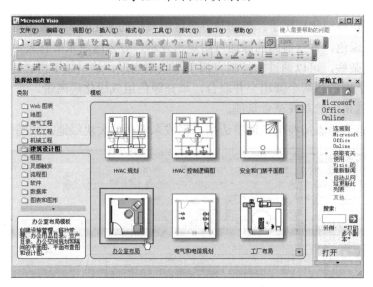

图 5-85 打开【办公室布局】模板

随同【办公室布局】模板打开的模具包含若干用于办公室布局和隔间的形状和一个 A4 绘图页,同时菜单栏增加一个【设计图】菜单。

首先需要将墙壁添加到绘图页上。如果办公室为矩形,可将矩形的【房间】形状拖到绘图页上。如果办公室不是矩形,可以添加【"L"形房间】或【"T"形房间】形状。更为复杂的房间形状可以用【墙壁】形状连接构成。

若要创建整整一层楼的办公室布局,可用【房间】形状来表示建筑物的外墙,使用【墙壁】形状来表示内墙,将内部分割成多间办公室。本例中我们只绘制一间 L 形房间。

③ 打开【墙壁和门窗】模具,将【"L"型房间】形状拖到绘图页上,调整形状大小,墙壁尺寸会做相应修改。如图 5-86 所示。

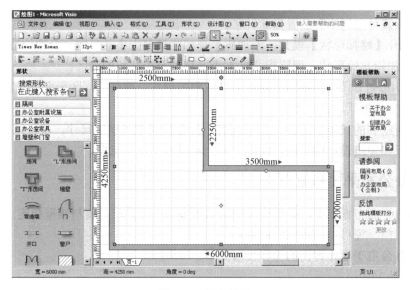

图 5-86 添加墙壁

房间的大小也可以指定。在房间墙壁上单击右键，弹出快捷菜单，单击【属性】选项弹出【自定义属性】对话框，可在其中定义房间的长度和宽度。本例中的长宽数值分别是"6000mm"和"4250mm"。

④ 将【空间】形状拖到房间中，空间将自动填充整个房间。

若空间未能自动填充，则可在空间形状上单击右键，在弹出的快捷菜单中选择【自动调整大小】项，令空间充满整个房间布局。

⑤ 将【墙壁】形状拖至绘图页，将房间分成内外两间，如图 5-87 所示。

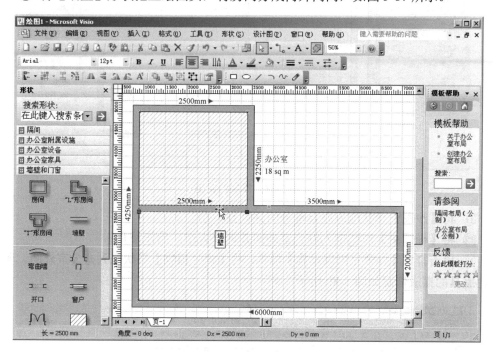

图 5-87　用墙壁分割房间

⑥ 将一个【门】形状和一个【双门】形状分别拖动到墙壁上的合适位置，并调整大小。

⑦ 将 4 个【窗户】形状分别拖动到墙壁上的合适位置，并调整大小，结果如图 5-88 所示。

和房间大小一样，门、窗的精确尺寸也可以在快捷菜单的【属性】项中设定。

墙壁和门窗在办公室布局中的显示方式可以随意设定。例如指定墙壁只使用一条直线表示，保持隐藏窗框和门摆等。要设置这些显示选项，可执行【设计图】/【设置显示选项】菜单命令。

下面该添加家具和附属设施了。与【办公室布局】模板一起打开的模具包含许多标准的办公室家具和附属设施形状，包括办公桌、椅子、桌子、计算机、植物、垃圾桶等。

⑧ 单击打开【办公室家具】模具。

⑨ 将【带多把椅子的矩形桌】形状拖入办公室的内室右侧，调整大小。

⑩ 将【书桌】、【书桌椅】和【书柜】形状拖到该内室左侧，调整大小并做必要的旋转操作。

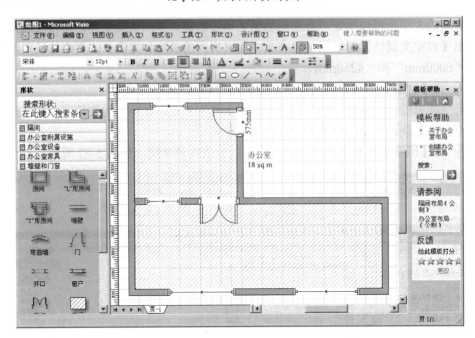

图 5-88　添加门、窗

⑪　将【沙发】形状拖入办公室外间并调整大小。

⑫　将【椭圆桌】形状拖入办公室外间并调整大小，当作茶几。

⑬　单击打开【办公室附属设施】模具，将【阔叶植物】形状拖到办公室外间。现在室内家具的摆放情况如图 5-89 所示。

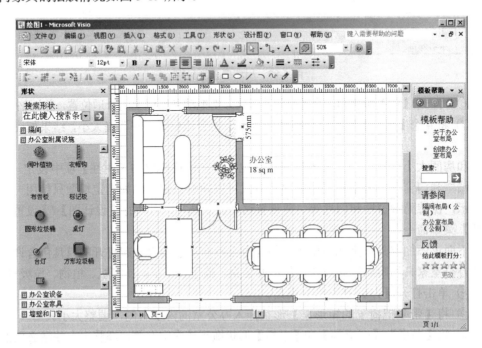

图 5-89　添加办公家具和附属设施

⑭ 逐一给家具填充颜色。

家具的颜色可以依照实际颜色填充。如果想不出用什么颜色的话，可以填充模具中形状的颜色。例如沙发为紫色（12 号颜色），阔叶植物为绿色（3 号颜色）等。填充颜色之后的办公室布局如图 5-90 所示。

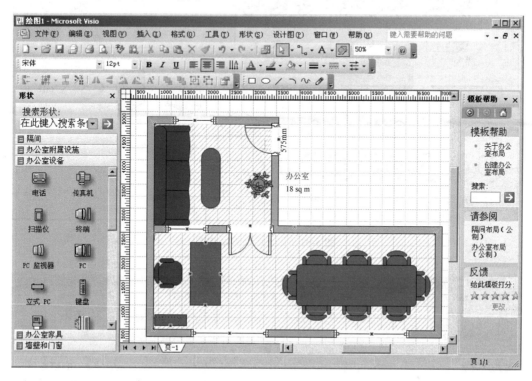

图 5-90　填充颜色之后的办公室布局

本例对室内布局过程做了简化。实际应用过程中，可以精确定义房间大小和各种家具的尺寸，然后再进行试摆放，以得出最合理的布局效果。室内的办公桌上再摆放一部电话、一部传真机和一部电脑，这样就更像个办公室的样子了。电话等办公用品可以在【办公室设备】模具中找到。

5.7.6　网络结构图

随着计算机技术的普及，网络已经深入到生产经营的各个方面。要了解单位的网络配置，如服务器、微机、打印机是如何连接的，有没有防火墙安全措施等，就需要一张形象的网络结构图。Visio 提供了相应的网络结构图绘制模板，可以很方便地将单位的网络结构描述出来，甚至可以作目录服务。

某化工厂网络结构如图 5-91 所示。

绘制基本网络结构图的操作步骤如下：

① 启动 Visio。

② 选择【网络】类别，单击打开【基本网络图】模板，如图 5-92 所示。

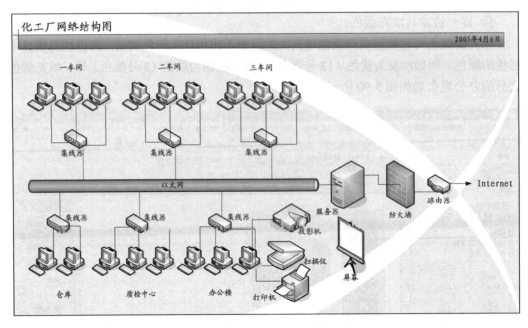

图 5-91　化工厂网络结构图

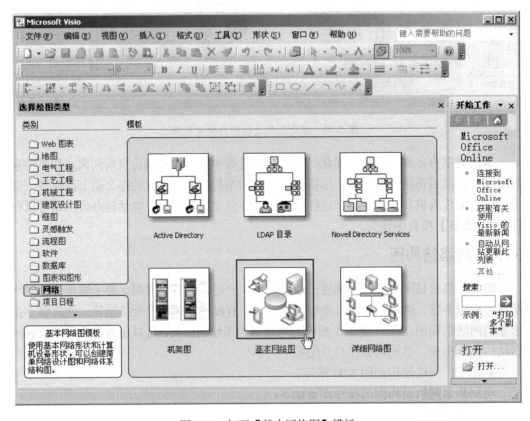

图 5-92　打开【基本网络图】模板

随同模板打开的模具中包含很多网络形状，有专业的集线器、路由器等网络设备，还有已经定制好的以太网、令牌环网、FDDI 网络等模型等，各种服务器、微机、显示器也一应俱全。只需用鼠标拖拽各种形状，就可以搭建出网络架构了。

③ 首先打开【网络和外设】模具，在绘图页面中部依次加入【以太网】、【服务器】、【防火墙】、【路由器】等形状并调整大小，组成网络主干。

④ 使用 🔳 工具将各形状连接起来。

⑤ 双击各形状，为各形状标注说明。

⑥ 将各部分组合起来，结果如图 5-93 所示。

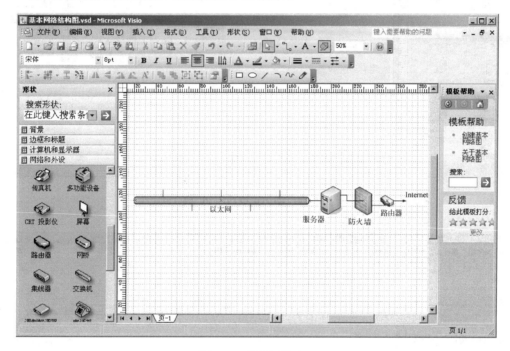

图 5-93 绘制网络主干

主干网络绘制好了，下面从以太网上的连接点分出网线，通过集线器接各建筑中的计算机。以太网默认给出 5 个连接端口，用户可根据需要随意添加。

⑦ 添加【集线器】形状至绘图页。

⑧ 打开【计算机和显示器】模具，添加【PC】形状至绘图页。

⑨ 调整 PC 形状大小，并复制两个。

⑩ 使用 🔳 工具将 3 个 PC 形状与集线器的端口相连，如图 5-94 所示。

⑪ 将集线器和 3 台 PC 机组合起来，复制两份，排列在以太网上方。

⑫ 再复制两份集线器和 PC 机组合，排列在以太网下方，然后调整一下集线器的位置，将最左侧的 PC 机删除一台，结果如图 5-95 所示。

⑬ 给各组 PC 机添加文字说明。

⑭ 将各集线器连接至以太网。

现在有 6 组 PC 机，但以太网默认只给出 5 个连接线，因此需要添加 1 根连接线。

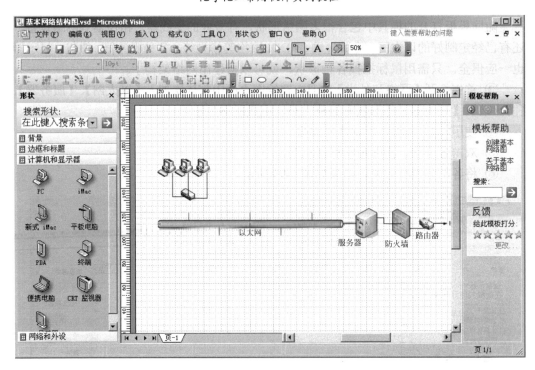

图 5-94 添加集线器和 PC 机

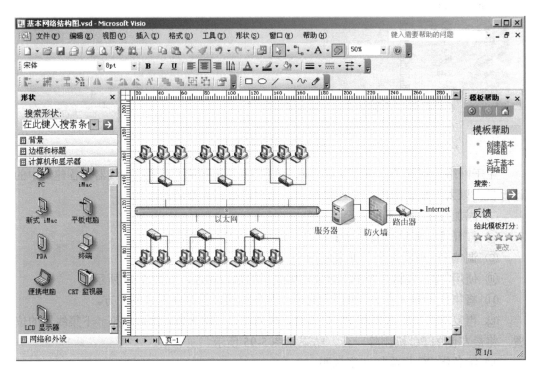

图 5-95 复制集线器和 PC 机

⑮ 使用 ▶ 工具单击选中以太网，拖动其中的黄色菱形引出一根连接线连接仓库集线器。

⑯ 添加投影机至办公楼 PC 组。并单击 ▲ 按钮将其水平翻转一下并连接 PC 机。

⑰ 在投影机右方添加屏幕。

⑱ 添加扫描仪和打印机，并与 PC 机连接起来，结果如图 5-96 所示。

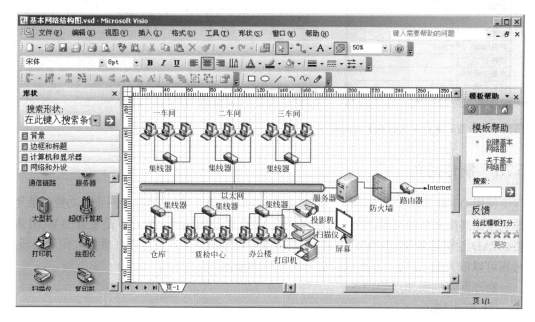

图 5-96　添加必要的外围设备

下面的工作是添加背景、边框和标题。

⑲ 打开【边框和标题】模具，将【当代型边框】拖入绘图页。

⑳ 双击边框的【标题】栏，输入"化工厂网络结构图"。

㉑ 打开【背景】模具，将【Web 背景】拖入绘图页，完成绘图工作。

本例中我们简化了网络的结构，实际网络要比这里所画的可能要复杂很多。如果网络结构很复杂，可以分成几个部分、分页进行描述。另外，要详细掌握网络资源和便于进行资产管理，需要定义每台设备的属性。例如计算机设备上可以标明制造商、中央处理器、内存、硬盘大小、IP 地址等信息。

㉒ 单击 PC 机，在弹出的快捷菜单中选择【属性】菜单项，填写各菜单项，如图 5-97 所示。

㉓ 依次填写各种设备的属性，便于资产统计之用。

㉔ 执行【工具】/【报表】菜单命令，弹出【报告】对话框，如图 5-98 所示。

可以选择【报告】中的【PC 报告】、【库存】、【网络设备】等有关设备详情的选项。生成报表的格式有 Excel 文件、Visio 表形状或 XML 等。网络上有什么设备，各设备都是什么配置，在 Visio 生成的报表中一目了然。

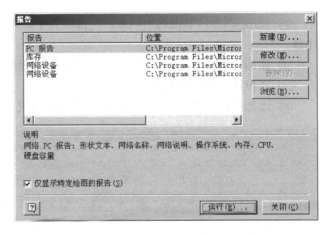

图 5-97 设备的【自定义属性】输入框   图 5-98 生成报告

5.7.7 制作网页

使用 Visio 制作出来的图形还可以发布为网页，用它的【另存为网页】功能，能迅速制作出高度复杂的网页。网页内容可以是 Visio 绘制的图形，也可以是复杂的 Word 表格、CAD 绘图等对象。用 Visio 制作的网页既可以整体查看，也可以任意放大图形细节，最高可以放大到 12 倍，并能保持图形的原貌和质量。

制作网页的操作步骤如下：

① 启动 Visio。

② 执行【文件】/【打开】菜单命令，查找到前面绘制的"化工厂平面图.vsd"并把它打开。

③ 执行【文件】/【另存为网页】菜单命令，出现【另存为】对话框，如图 5-99 所示。

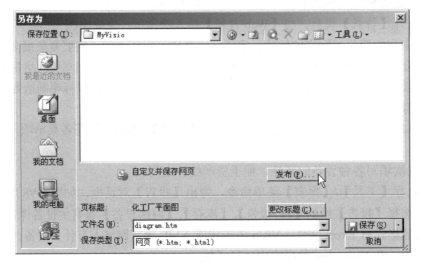

图 5-99 【另存为】对话框

④ 修改网页文件标题为"diagram"。最好不用中文文件名，这样兼容性比较好。

⑤ 单击 发布(P)... 按钮，出现【另存为网页】对话框。

【另存为网页】对话框有两个选项卡，即【常规】选项卡和【高级】选项卡。通常不需要修改这两个选项卡的内容。【高级】选项卡如图 5-100 所示。

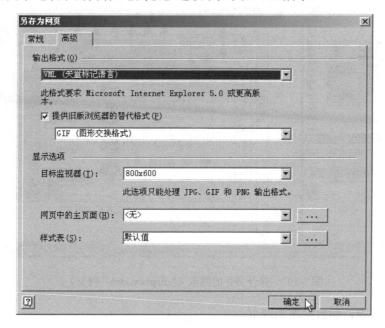

图 5-100 【高级】选项卡

在【高级】选项卡中可以设置多种【输出格式】，如 JPG、GIF 等格式，默认格式为"VML（矢量标记语言）"。默认的【目标监视器】分辨率为"800×600"，如有必要可改为"1024×768"。这里我们全都使用 Visio 的默认设置。

⑥ 单击 确定 按钮，Visio 开始【另存为网页】的操作。

Visio 保存的网页文件分两部分，以文件名"diagram"为例，一个是网页文件"diagram.htm"，另一个是网页组件文件夹"diagram_files"。之后 Visio 会自动启动 IE 并打开"diagram.htm"网页，如图 5-101 所示。

这个平面示意图可以按 25%~1200%之间不同的比例查看（IE 版本应在 5.0 以上）。在左侧的【扫视和缩放】窗口用鼠标拖动一个小区域，右侧的主浏览窗口就会显示所选区域的放大图，可以很方便地查看图形细节。

虽然在本地直接运行"diagram.htm"能非常自如地放大或缩小浏览图形，但上载放入 Web 服务器并通过超级链接浏览并不一定会成功显示。服务器所用的 IIS 版本应高于 5.0，否则显示会出问题，原因是"diagram_files"文件夹中有些文件名使用的是汉字。可用相应的编辑工具修改这些汉字文件名为英文文件名。好在目前多数服务器的 IIS 版本都高于 5.0。

也可以将高精度地图通过 Visio 发布为文件。通过执行【插入】/【图片】/【来自文件】菜单命令，在磁盘上找到地图文件如"map.jpg"，插入到当前页面上，调整图片大

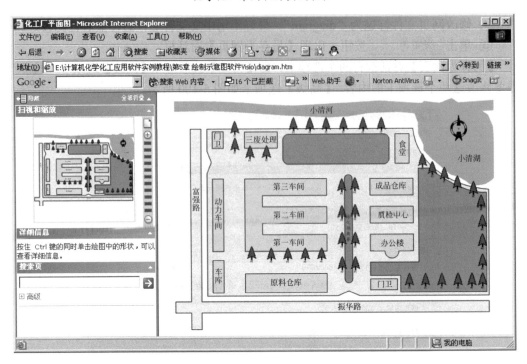

图 5-101　打开另存的网页（"diagram.htm" 网页）

小合乎实际页面，然后发布为网页。

如果导入的不是图片而是对象文件，如 Word 表格、CAD 绘图等，则应执行【插入】/【对象】菜单命令，选择【从文件创建】命令，将相应对象原封不动地导入。

5.8　小结

本章我们讲解了 Visio 的基本使用方法和一些实例。绘制出一幅精美的示意图并非一件很轻松的事，除了良好的构思之外，还需要使用易用且功能强大的绘制工具，本章介绍的 Visio 就是这样一个好的工具。

Visio 的使用有很多的小窍门，关键是多用多练习，这样才能融会贯通，迅速将自己的想法形象化，使复杂问题的表达和理解都成为一件轻松惬意的事情。

在制作一些复杂图形时，应该多听一听专业人士，如美术设计师的想法，他们更懂得如何把持形状的疏密程度，并知道如何体现场景美感。另外学习一点建筑学和环境美学的知识也会大有帮助。Visio 配合其他软件使用，会使你的文稿显得很专业且易于理解。

内　容　提　要

　　这是一本非常实用的"傻瓜书"，简洁实用是本书之最大特色。书中选用的应用软件均是目前市场上的最新版本。全书共 5 章，分别介绍了 Word 软件的高级应用、PPT 演示文稿的制作、化学办公软件 ChemOffice 的应用、数据处理软件 Origin 的应用等内容。实例丰富、典型，叙述准确、精炼，层次分明，图文并茂。即使是只有初级计算机知识的读者，只要按照书中的实例操作，也会迅速掌握十分专业的化学、化工常用软件应用技能。

　　本书适用于化学、化工、环境、能源、材料科学等专业的高校师生及相关领域的科技工作者，同时适用于撰写科技论文、专业报告、专业课件的相关人员。